Die Grundsätze

der

Agricultur-Chemie

mit Rücksicht

auf die in England angestellten Untersuchungen.

Von

Justus von Liebig.

Braunschweig,
Druck und Verlag von Friedrich Vieweg und Sohn
1855.

Die Grundsätze

der

Agricultur-Chemie.

1.

Papier
aus der mechanischen Papier-Fabrik
der Gebrüder Vieweg zu Wendhausen
bei Braunschweig.

Vorwort.

Die vorliegende Abhandlung, worin ich die Uebereinstimmung der Grundsätze der Agricultur-Chemie mit den praktischen Erfahrungen der Landwirthe, im Besonderen mit den von Herrn Lawes in Rothamsted angestellten Versuchen, nachzuweisen versucht habe, befand sich bereits in Braunschweig im Druck, als ich von Herrn Georg Wigand in Leipzig die Aufforderung erhielt, ihm für seine Zeitschrift für deutsche Landwirthe einen Beitrag zu liefern; dieß veranlaßte mich, im Interesse des Gegenstandes, sie zuerst in dieser Zeitschrift abzudrucken und sie erscheint jetzt in ihrer ursprünglichen Form, mit einigen Erläuterungen und Zusätzen, wodurch sie, wie ich glaube, gewonnen hat.

München, den 1. April 1855.

Justus von Liebig.

Seinem Freunde

Dr. Charles Daubeny in Oxford,

dem eifrigen Verbreiter

wissenschaftlicher Grundsätze

in

der Landwirthschaft

widmet dieses kleine Werk

der Verfasser.

München, den 1. April 1855.

Im Begriff, eine neue Ausgabe meines Buches „die Chemie in ihrer Anwendung auf Agricultur und Physiologie" zu bearbeiten, sah ich mich veranlaßt, die landwirthschaftlichen Journale seit 1845 durchzugehen, um mich mit den seither gewonnenen Erfahrungen bekannt zu machen. Unter allen bis jetzt erschienenen Arbeiten zeichnen sich diejenigen des Herrn J. B. Lawes in Rothamsted durch den Umfang und die Dauer der von ihm unternommenen Versuche aus, und da das Endresultat derselben, nach seinen Folgerungen, im Widerspruch steht mit den Grundsätzen, welche ich in dem obigen Werke gelehrt habe, so halte ich gerade seine sogenannte praktische Kritik wissenschaftlicher Ansichten für besonders geeignet, als Beispiel zu dienen, um die Landwirthe zu überzeugen, wie nothwendig es sei, eine richtige Methode zur Anstellung von Versuchen zu wählen, wenn diese belehren, eine Ansicht bestätigen oder widerlegen sollen.

Alle Versuche des Herrn Lawes beweisen nämlich das gerade Gegentheil von dem, was sie nach seiner Meinung beweisen sollen, ja ich betrachte sie als ganz unerschütterliche Stützen der Lehre, die sie zu bestreiten ursprünglich bestimmt gewesen sind; es ergeben sich aus den Thatsachen, die er ermittelt hat, so viel wichtige Lehren für den Feldbau und die Düngung der Felder, daß ich sie für die Theorie der Landwirthschaft von ganz besonderem Werthe halte.

Ehe ich diese Versuche einer näheren Betrachtung unterwerfe, halte ich es für nützlich, über die Experimental-Methode und ihre Bedeutung, sowie über das Verhältniß, in welchem der Chemiker zur Landwirthschaft steht, einige Worte vorauszuschicken; das Verhältniß beider wird nämlich in der Regel unrichtig aufgefaßt und es entspringen daraus die seltsamsten Mißverständnisse.

Im Laufe ihrer natürlichen Entwickelung gelangt die Naturforschung zu gewissen Grundsätzen oder Gesetzen, deren Wahrheit, einmal festgestellt und dargethan, keiner weiteren Beweisführung mehr bedarf. Man unterscheidet in dieser Beziehung Vernunftgesetze von Erfahrungsgesetzen. Alle Naturgesetze sind Erfahrungsgesetze, d. h. es sind Wahrheiten, welche durch Beobachtung und Erfahrung festgestellt sind. Daß die Luft schwer ist, d. h. von der Erde angezogen wird, daß ein Körper, wenn er in der Luft verbrennt, sich mit einem Bestandtheil der Luft verbindet, daß das Gewicht einer chemischen Verbindung gleich ist dem Gewicht seiner Bestandtheile, sind Naturgesetze. Das constante Vorkommen der Phosphorsäure, der Alkalien, des Kalks im Blute, in den Organen der Thiere, in den Samen und Säften der Pflanzen, ist ein Naturgesetz. Ebenso, daß die Kohlensäure ein gleiches Volum Sauerstoff enthält, daß sich ein Volum Sauerstoff mit zwei Volumen Wasserstoff verbindet, alles dieß sind Naturgesetze. Es ist klar, daß wenn diese Grundwahrheiten oder Naturgesetze zur Erklärung gewisser Vorgänge in der Industrie, der Agricultur oder in anderen Wissenschaften angewendet werden sollen, so hängt die Einsicht in diese Vorgänge wesentlich ab von der Bekanntschaft mit diesen Vorgängen und dem richtigen Verständniß der Naturgesetze, welche an den Vorgängen Antheil haben.

Wenn eine dieser beiden Bedingungen mangelhaft ist oder fehlt, so kommt man häufig zu Schlüssen, welche im Widerspruch stehen mit den Naturgesetzen, oder welche zu beweisen scheinen, daß dieselben zur Erklärung des Vorganges nicht genügen. Wenn diese Grundsätze angewendet oder die Naturgesetze in Thätigkeit versetzt werden sollen, um eine Erscheinung hervorzubringen, oder, wie man gewöhnlich sagt, einen Versuch zu machen, so hängt das Gelingen des Versuches wesentlich von dem Vorhandensein aller derjenigen Bedingungen ab, auf deren Zusammen- oder Nacheinanderwirkung die Erscheinung beruht. Wenn der Versuch dasjenige Resultat nicht giebt, welches man erwartet, so ist dieß stets ein sicheres Zeichen, daß eine oder die andere Bedingung nicht wirksam gewesen ist oder gefehlt hat; das Mißlingen des Versuches kann niemals als Beweis angesehen werden, daß den Grundsätzen, welche Ausdrücke für Naturgesetze sind, diejenige Wahrheit mangelt, welche durch ganz unbezweifelbare Beweise einmal festgestellt ist.

In gleicher Weise kann das Gelingen eines Versuches niemals als Beweis für die Wahrheit einer Vorstellung angesehen werden, wenn dieselbe im Widerspruch steht mit Naturgesetzen. Daß ein Mensch von einer Ebene aus sich viele tausend Fuß mit großer Geschwindigkeit in die Luft erheben kann, kann nicht als Beweis angesehen werden, daß die Schwere nicht auf ihn wirke; obwohl das Steigen des Luftballons die dem freien Fall der Körper gerade entgegengesetzte Erscheinung ist. Wenn der Versuch dazu dienen soll, um die Wahrheit einer Vorstellung zu prüfen, so muß vor allem erst, wenn er gelingt, erklärt werden, warum er gelungen ist, d. h. es müssen die Bedingungen des Gelingens und ihr Zusammenwirken, den Naturgesetzen gemäß, aufgesucht werden.

Ein Versuch, ganz gleichgültig, ob er gelingt oder mißlingt, ist an sich nur eine nackte Thatsache, welche nichts erklärt, wenn das Gelingen oder Mißlingen nicht in Zusammenhang gebracht ist mit den Naturgesetzen, durch deren Wirkung er bedingt ist.

Es giebt keine Erscheinung, keinen Vorgang in der Natur, keinen Versuch, die sich durch ein einzelnes Naturgesetz erklären ließen, immer wirken mehrere Naturgesetze zusammen, um sie zum Vorschein zu bringen. Um das Steigen des Luftballons zu erklären, muß man vier Naturgesetze kennen. Die Erklärung des Barometers, oder die Erklärung der Abnahme des Siedpunktes von Flüssigkeiten auf hohen Bergen, setzt die Bekanntschaft mit drei Naturgesetzen voraus.

Der Ausdruck für den Zusammenhang aller der Naturgesetze, durch deren Zusammenwirken eine Naturerscheinung, ein Vorgang zum Vorschein gebracht wird, heißt die Theorie der Naturerscheinung.

In der Naturwissenschaft hat das Wort Theorie keine andere Bedeutung, und man kann hieraus entnehmen, wie sehr sich der Begriff der Theorie in diesem Sinne von dem Worte Theorie im gewöhnlichen Sprachgebrauch unterscheidet; in diesem bezeichnet es häufig das gerade Gegentheil von Erfahrung, es bezeichnet oft den Mangel an Bekanntschaft mit Thatsachen oder Naturgesetzen; in dem naturwissenschaftlichen Sinne ist die Theorie die Summe aller Erfahrung, sie beruht auf der genauesten Kenntniß der Thatsachen und Naturgesetze, eben weil sie aus dieser Kenntniß hervorgegangen ist. Daß das Productionsvermögen eines Feldes in geradem Verhältnisse mit den zugeführten mineralischen Nahrungsstoffen steigt oder abnimmt, ist keine Theorie, weil zum Ertrag in der Anzahl und Masse der Pflanzen, welche von einem Felde geerntet werden, zwei nothwendige Bedingungen gehören, welche in den „mineralischen Nahrungsstoffen" nicht eingeschlossen sind. Eine Theorie ist der Ausdruck aller Bedingungen, keine darf ausgeschlossen sein.

Theoretiker im Sinne der Schulen des vorigen Jahrhunderts giebt es heutzutage in der Physik und Chemie nicht mehr. Man verstand darunter Männer, die, mit einer lebhaften Einbildungskraft versehen, ohne weitere Fragen nach Naturgesetzen zu stellen, eine Naturerscheinung gewissermaßen in ihrem Geiste sich abspiegeln ließen und welche dieses Spiegelbild mit dem Worte Erklärung oder Theorie bezeichneten. Noch heutzutage giebt es solche Männer, aber nur in Fächern, denen eine wissenschaftliche Grundlage fehlt und in denen es theils der Bequemlichkeit, theils wegen mangelnder Logik gestattet ist, mit solchen Spiegelbildern hauszuhalten. Die ganze Physiologie war lange Zeit hindurch getragen von dergleichen Scheintheorien, und der eigentliche Fortschritt derselben datirt erst von der neuesten Zeit an, wo man anfing, sich frei davon zu machen.

Der wahre Theoretiker ist nicht der Advocat einer Meinung, er giebt uns statt einer Erklärung nicht das Bild, was er sich von einer Naturerscheinung oder einem Vorgang in der Natur gemacht hat, sondern er sucht durch Beobachtung und Erfahrung alle diejenigen Bedingungen zu erforschen, welche zusammenwirkten, um die Erscheinung zum Vorschein zu bringen, und er prüft auf dem Wege seiner Forschung einen jeden Schluß, den er macht, oder eine jede Vorstellung, die ihn leitet, durch den Versuch. Wenn er alle Bedingungen kennt, so zeigt er, immer durch das Experiment, daß er durch ihr Zusammenwirken in der richtigen Zeit die Erscheinung nach seinem Willen hervorbringen kann, nicht einmal oder zehnmal, sondern so oft er will und immer mit demselben Erfolg.

Alle seine Erfolge hängen ab von der steten Beachtung aller Naturgesetze; wenn er sich von diesen allein und nicht von bloßen Vorstellungen leiten läßt, so sagt ihm bei einer richtigen Methode das Experiment immer die Wahrheit und ist der treue Führer und Wegweiser seines Geistes; es sagt ihm, daß er sich geirrt habe oder daß er sich auf dem rechten Wege befinde.

Wenn man mit Praxis Erfahrung bezeichnet, so muß der theoretische Chemiker ein erfahrener Mann sein, er muß praktisch die Naturgesetze, er soll praktisch die Wege sie zu erforschen und die Grundsätze ihrer Anwendung kennen.

Die Theorie umfaßt die Lehre von den Naturgesetzen und die Regeln und Grundsätze, die sich an ihr Zusammenwirken knüpfen; Praxis heißt die Anwendung der Lehre, die Ausübung der Regeln und Grundsätze.

Die meisten Methoden der Gewinnung chemischer Producte in der Industrie, den Gewerben, oder die Verbesserung derselben, wie z. B. die Fabrikation der Schwefelsäure, der Seife, des Glases, die Gewinnung von Metallen aus ihren Erzen, verdankt man Chemikern, die sich praktisch mit der Erforschung der Naturgesetze und der Regeln und Grundsätze, worauf ihre Erzeugung beruhte, das heißt, mit der Theorie ihrer Erzeugung beschäftigt haben, ohne jemals selbst in der Fabrikation thätig gewesen zu sein, ohne ein einziges Pfund Seife oder Glas für den Handel producirt zu haben. Männer wie Davy, Gay-Lussac, Berzelius, Chevreul, waren oder sind Theoretiker, aber dabei praktische Chemiker in der strengsten Bedeutung, Praktiker in ihrer Wissenschaft. Der technische Chemiker, der die Theorie der verschiedenen Fabrikationen kennt, lehrt, wie man ihre Regeln und Grundsätze in besonderen Fällen richtig anwendet.

Der Fabrikant und Gewerbtreibende wendet von den vielen tausenden von Naturgesetzen, welche die wissenschaftliche Chemie einschließt, eine kleine Zahl zur Erzeugung von Gegenständen des Handels an; sein Rathgeber in besonderen Fällen ist der technische Chemiker, der den Fall zum Gegenstand seiner Untersuchungen macht oder gemacht hat.

Der Preis oder Handelswerth der Stoffe und Materialien, welche in den chemischen Processen und in den Fabrikationen eine Rolle übernehmen, ist kein Gegenstand der Naturforschung und kann deshalb von dem theoretischen Chemiker in seine Lehren nicht eingeschlossen werden. Dieser Preis ist der Hauptfactor, der den Erzeuger oder Handelsmann in der Wahl der mannigfaltigen Wege und Mittel der Ausübung der Regeln, d. h. in der Praxis, zur Hervorbringung seiner Producte bestimmt. Dieser Factor wechselt in's Unendliche nach den Ländern und Orten, er ist abhängig von äußeren Dingen, von Verbindungsmitteln (Wege, Eisenbahnen, Canäle), und die eigentliche Praxis des Producenten, welcher unter allen Umständen Arbeitskraft und Rohmaterialien kaufen und sein Erzeugniß vortheilhaft verwerthen muß, besteht hiernach nicht nur in der richtigen Ausübung wissenschaftlicher Principien, sondern in der geeigneten Wahl derjenigen Mittel und Wege, die ihm gestatten, seine Producte in der kürzesten Zeit in größter Menge und zu dem niedrigsten Preise zu erzeugen.

Welches Verfahren er auch wählen mag, so ist vollkommen gewiß, daß er zur Erreichung dieses Zweckes in keinerlei Weise und in keinerlei Umständen den Naturgesetzen, Grundsätzen und Regeln, welche die Theorie lehrt, zuwiderhandeln darf, weil die vortheilhafte Production nur nach diesen Regeln und Grundsätzen möglich ist und ein Abweichen davon gewisse Theile der Ausführung der Operationen und im Ganzen die Zeit der Erzeugung oder die Menge oder Beschaffenheit der Handelswaare benachtheiligt.

Da der Producent Kaufmann und Ausüber von wissenschaftlichen Grundsätzen zu gleicher Zeit ist, so versteht man, daß das Maximum des Nutzens, den ein Geschäft, ein Fabrikations- oder Gewerbszweig abwirft, wesentlich in der Vereinigung zweier Talente liegt. Mit einem Manne, dessen kaufmännisches Talent ausgezeichnet und ebenso groß wie seine Bekanntschaft mit wissenschaftlichen Principien und seine technische Geschicklichkeit ist, kann in gleicher Lage und Verhältnissen kein anderer concurriren, welcher beide Fähigkeiten in einem minder günstigen Verhältnisse in sich vereinigt. Es ist klar, daß eine überwiegend kaufmännische Geschicklichkeit, im Verein mit Ordnung und Sparsamkeit, den Mangel an wissenschaftlichen Kenntnissen in einem oft hohen Grade decken kann, daß aber die größte wissenschaftliche Begabung die kaufmännischen Erfordernisse nicht zu ersetzen vermag. Ich kenne Fabrikanten, die mit ganz schlechten Fabrikationsmethoden mit dem größten Vortheile arbeiten und ihr Geschäft jährlich erweitern, während andere sehr wissenschaftliche Männer in gleicher Lage zu Grunde gehen, weil sie, ohne Sinn für Ordnung und ohne vertraut mit den Verkaufswaaren zu sein, den Werthen der Zeit und der Arbeitskraft keinen Zahlenausdruck zu geben, weil sie mit einem Worte nicht zu rechnen verstehen. Man sieht dies nur allzu häufig und es flößt diese Erscheinung gar Vielen die Vorstellung ein, daß es in der Industrie eigentlich auf wissenschaftliche Kenntnisse nur wenig ankomme. Diese Ideen finden sich am häufigsten bei den Landwirthen, welche dabei vergessen, daß nicht das Capital, sondern der menschliche Geist erwirbt, der es in richtiger Weise in Bewegung setzt, und daß Kenntnisse und wissenschaftliche Grundsätze der Erwerb von vielen Tausenden von menschlichen Intelligenzen sind, die zu ebenso vielen geschickten und bereitwilligen Dienern seines eigenen Geistes werden, wenn man sie sich zu eigen macht.

Man wird hieraus entnehmen, daß ein praktischer Chemiker (worunter ich keinen Gewerbtreibenden verstehe) weder ein theoretischer, noch ein praktischer oder ein unpraktischer Landwirth oder Fabrikant sein kann, weil er überhaupt gar kein Landwirth oder Fabrikant ist.

Die Aufsuchung der Mittel und Wege zur Gewinnung eines durch die chemischen Kräfte oder Naturkräfte überhaupt darstellbaren Productes setzt voraus die Bekanntschaft mit den Eigenschaften und dem Verhalten aller derjenigen in der Natur vorkommenden Materien, die sich zur Erzeugung desselben darbieten. Der Chemiker sucht sie auf und stellt alle diejenigen zusammen, die sich für den beabsichtigten Zweck eignen, ohne in seinen Untersuchungen sich durch den ihm unbekannten Factor des Preises leiten zu lassen, weil er weiß, daß eine Methode der Fabrikation, welche heute im Großen des Preises wegen nicht ausführbar, morgen vielleicht nicht nur möglich ist, sondern denkbarer Weise auch alle anderen bis dahin üblichen verdrängen kann.

Die Eigenschaft, organische Farben zu zerstören, welche dem Anschein nach den verschiedensten Materien zukommt, führt der Chemiker auf die Wirkung des Sauerstoffs zurück, er zeigt, daß die Luft, das Sonnenlicht und die Feuchtigkeit in ihrer Wirkung durch Chlorgas, Bleichkalk, durch Chromsäure, durch eine Mischung von rothem Blutlaugensalz und Aetzkali vertreten werden können. Die organischen Farben können durch eine jede dieser Mischungen zerstört werden, aber sie haben einen sehr ungleichen Preis, und sie können sich dieses Factors wegen in den verschiedenen Bleichprocessen nicht vertreten. Daraus folgt natürlich nicht, daß das eine Mittel vor dem anderen in besonderen Fällen nicht Vorzüge hat, und daß das kostspieligste in diesem Falle wegen seines besonderen chemischen Charakters nicht das wohlfeilste verdrängt, wie wir dieß von dem Zeugdruck kennen.

So war die Anwendung der Chromsäure als Oxydationsmittel, des Phosphors zu Feuerzeugen, der Stearinsäure zu Kerzen, der Schwefelsäure zur Scheidung des Goldes vom Silber, des Glaubersalzes zur Glasfabrikation wissenschaftlich dargethan, lange zuvor ehe man daran denken konnte, sie zur Hervorbringung industrieller Producte vortheilhaft zu gebrauchen. Wären aber die Eigenschaften und das Verhalten dieser Körper und ihre Fähigkeit, zu diesem Zwecke zu dienen, durch die Arbeiten der Chemiker nicht bekannt gewesen, so würde schwerlich jemals ein Gewerbtreibender darauf gekommen sein, sie zur günstigen Zeit in Anwendung zu bringen. Diejenigen unter ihnen, welche zuerst und vor Anderen Gebrauch davon machten, haben in der Regel auch den größten Nutzen daraus gezogen; es sind dieß die eigentlich praktischen Männer, welche, die Lehre kennend, die Wege suchen und auffinden, um sie nutzbringend zu machen. Diejenigen, welche im gewöhnlichen Leben praktische Männer heißen, sind in der Regel solche, die dieß unbedingt nicht können, weil sie die wissenschaftliche Lehre nicht kennen, die sie für unproductiv halten, geringschätzen oder verachten; aber ein solcher Mann ist denn doch eigentlich nur ein Arbeiter, der nach einem Recepte arbeitet, ganz gleichgültig, ob er es sich selbst giebt oder von Anderen erhalten hat.

Der wahre Praktiker leitet für wechselnde Fälle, in Uebereinstimmung mit der Theorie, die er kennt und die seine Sinne schärft und seinen Geist leitet, das ihm vortheilhafteste Verfahren ab; er macht die ungünstigsten Verhältnisse in der kürzesten Zeit und mit dem geringsten Aufwand von Mitteln günstiger für seine Zwecke.

Die vorstehenden Bemerkungen dürften vielleicht geeignet sein, den Standpunkt der Chemie und des Chemikers zur Agricultur und zum Landwirth in ein richtigeres Verhältniß zu setzen, als dieß gewöhnlich geschieht, und wenn der Chemiker in der Beurtheilung von landwirthschaftlichen Dingen Fehler und Verstöße begeht, so darf man sie ihm nicht allzu hoch anrechnen, weil er seine Schlüsse in diesen Fällen auf Thatsachen begründen muß, die er nicht aus eigener Erfahrung kennen kann, sondern aus landwirthschaftlichen Schriften als wahr und zuverlässig entnimmt.

Zur näheren Beurtheilung über die Anwendung der Chemie auf die Landwirthschaft erlaube ich mir, ehe ich auf die Versuche und Meinungen des Herrn Lawes eingehe, meine Ansichten, so wie sie aus meinem Buche sich folgern lassen, in einigen kurzen Sätzen vorauszuschicken.

Dem Wachsen einer Pflanze geht voraus ein Keim, ein Samenkorn; die Landpflanze bedarf einen Boden; ohne die Atmosphäre, ohne Feuchtigkeit wächst die Pflanze nicht. Die Worte Boden, Atmosphäre und Feuchtigkeit sind nicht Bedingungen an sich, es giebt Kalk-, Thon-, Sandboden, Boden aus Granit, aus Gneis, aus Thonschiefer, aus Glimmerschiefer entstanden, ganz verschieden in ihrer Beschaffenheit und Mischung. Das Wort Boden ist ein

Sammelwort für eine ganze Anzahl von Bedingungen; der fruchtbare Boden enthält sie in dem für die Ernährung des Gewächses richtigen Verhältniß, in dem unfruchtbaren Boden fehlen einige dieser Bedingungen. Ebenso umfassen die Worte Dünger, Atmosphäre, eine Mehrheit von Bedingungen; der Chemiker, mit den ihm zu Gebote stehenden Mitteln, analysirt alle Bodenarten, er analysirt den Dünger, die atmosphärische Luft und das Wasser, er zerlegt die Sammelworte, welche die Summe der Bedingungen ausdrücken, in die Anzahl der einzelnen Bedingungen und substituirt diese in seinen Auseinandersetzungen den Sammelworten. In diesem Verfahren liegt, wie man sieht, nichts Hypothetisches. Wenn es als eine ganz ausgemachte Wahrheit gilt, daß der Boden, die Atmosphäre, das Wasser, der Dünger Einfluß üben auf das Wachsthum der Pflanze, so ist es eben so unzweifelhaft, daß dieß lediglich durch ihre Bestandtheile geschieht; diese ihre Eigenschaften und ihr Verhalten dem, der sich mit der Cultur der Gewächse beschäftigt, vor Augen zu legen, dieß ist die Aufgabe des Chemikers.

1) Die Pflanzen empfangen im Allgemeinen ihren Kohlenstoff und Stickstoff aus der Atmosphäre, den Kohlenstoff in der Form von Kohlensäure, den Stickstoff in der Form von Ammoniak. Das Wasser (und Ammoniak) liefert den Pflanzen ihren Wasserstoff; der Schwefel der schwefelhaltigen Bestandtheile der Gewächse stammt von Schwefelsäure her.

2) Auf den verschiedensten Bodenarten, in den verschiedensten Klimaten, in der Ebene oder auf hohen Bergen gebaut, enthalten die Pflanzen eine gewisse Anzahl von Mineralsubstanzen, und zwar immer die nämlichen, deren Natur und Beschaffenheit sich aus der Zusammensetzung ihrer Asche

ergiebt; diese Aschenbestandtheile waren Bestandtheile des Bodens; alle fruchtbaren Bodenarten enthalten gewisse Mengen davon, in keinem Boden, worauf Pflanzen gedeihen, fehlen sie.

3) In den Producten des Feldes wird in den Ernten die ganze Quantität der Bodenbestandtheile, welche Bestandtheile der Pflanzen geworden sind, hinweggenommen und dem Boden entzogen; vor der Einsaat ist der Boden reicher daran als nach der Ernte; die Zusammensetzung des Bodens ist nach der Ernte geändert.

4) Nach einer Reihe von Jahren und einer entsprechenden Anzahl von Ernten nimmt die Fruchtbarkeit der Felder ab. Beim Gleichbleiben aller übrigen Bedingungen ist der Boden allein nicht geblieben was er vorher war; die Aenderung in seiner Zusammensetzung ist die wahrscheinliche Ursache seines Unfruchtbarwerdens.

5) Durch den Dünger, den Stallmist, die Excremente der Thiere und Menschen wird die verlorene Fruchtbarkeit wiederhergestellt.

6) Der Dünger besteht aus verwesenden Pflanzen- und Thierstoffen, welche eine gewisse Menge Bodenbestandtheile enthalten. Die Excremente der Thiere und Menschen stellen die Asche der im Leibe der Thiere und Menschen verbrannten Nahrung dar, von Pflanzen, die auf den Feldern geerntet wurden. Der Harn enthält die im Wasser löslichen, die Fäces die darin unlöslichen Bodenbestandtheile der Nahrung. Der Dünger enthält die Bodenbestandtheile der geernteten Producte des Feldes; es ist klar, daß durch seine Einverleibung im Boden dieser die entzogenen Mineralbestandtheile wiedererhält; die Wiederherstellung seiner ursprünglichen Zusammensetzung ist begleitet von der

Wiederherstellung seiner Fruchtbarkeit; es ist gewiß, eine der Bedingungen der Fruchtbarkeit war der Gehalt des Bodens an gewissen Mineralbestandtheilen. Ein reicher Boden enthält mehr davon als ein armer Boden.

7) Die Wurzeln der Pflanzen verhalten sich in Beziehung auf die Aufnahme der atmosphärischen Nahrungsmittel ähnlich wie die Blätter, d. h. sie besitzen wie diese das Vermögen, Kohlensäure und Ammoniak aufzusaugen und in ihrem Organismus auf dieselbe Art zu verwenden, wie wenn die Aufnahme durch die Blätter vor sich gegangen wäre.

8) Das Ammoniak, welches der Boden enthält oder was demselben zugeführt wird, verhält sich wie ein Bodenbestandtheil; in gleicher Weise verhält sich die Kohlensäure.

9) Die Pflanzen- und Thierstoffe, die thierischen Excremente gehen in Fäulniß und Verwesung über. Der Stickstoff der stickstoffhaltigen Bestandtheile derselben verwandelt sich in Folge der Fäulniß und Verwesung in Ammoniak, ein kleiner Theil des Ammoniaks verwandelt sich in Salpetersäure, welche das Product der Oxydation (der Verwesung) des Ammoniaks ist.

10) Wir haben allen Grund, zu glauben, daß in dem Ernährungsproceß der Gewächse die Salpetersäure das Ammoniak vertreten kann, d. h. daß der Stickstoff derselben zu denselben Zwecken in ihrem Organismus verwendet werden kann wie der des Ammoniaks.

11) In dem thierischen Dünger werden demnach den Pflanzen nicht nur die Mineralsubstanzen, welche der Boden liefern muß, sondern auch die Nahrungsstoffe, welche die Pflanze aus der Atmosphäre schöpft, zugeführt. Diese Zufuhr ist eine Vermehrung derjenigen Menge, welche die Luft enthält.

12) Die nicht gasförmigen Nahrungsmittel, welche der Boden enthält, gelangen in den Organismus der Pflanzen durch die Wurzeln; der Uebergang derselben wird vermittelt durch das Wasser, durch welches sie löslich werden und Beweglichkeit empfangen. Manche lösen sich in reinem Wasser, die anderen nur in Wasser, welches Kohlensäure oder ein Ammoniaksalz enthält.

13) Alle diejenigen Materien, welche die an sich im Wasser unlöslichen Bodenbestandtheile löslich machen, bewirken, wenn sie in dem Boden enthalten sind, daß dasselbe Volum Regenwasser eine größere Menge davon aufnimmt.

14) Durch die fortschreitende Verwesung der im thierischen Dünger enthaltenen Pflanzen- und Thierüberreste entstehen Kohlensäure und Ammoniaksalze; sie stellen eine im Boden thätige Kohlensäurequelle dar, welche bewirkt, daß die Luft in dem Boden und das in demselben vorhandene Wasser reicher an Kohlensäure werden, als ohne ihre Gegenwart.

15) Durch den thierischen Dünger wird den Pflanzen nicht nur eine gewisse Summe an mineralischen und atmosphärischen Nahrungsmitteln dargeboten, sondern sie empfangen durch denselben auch in der durch seine Verwesung sich bildenden Kohlensäure und den Ammoniaksalzen die unentbehrlichen Mittel zum Uebergange der im Wasser für sich unlöslichen Bestandtheile, in derselben Zeit eine größere Menge, als ohne Mitwirkung der verwesbaren organischen Stoffe.

16) In warmen trockenen Jahren empfangen die Pflanzen durch den Boden weniger Wasser, als unter gleichen Verhältnissen in nassen Jahren; die Ernte in verschiedenen Jahren steht damit im Verhältniß. Ein Feld von derselben Beschaffenheit liefert in regenarmen Jahren einen geringeren Ertrag,

er steigt in regenreicheren, bei gleicher mittlerer Temperatur bis zu einer gewissen Grenze mit der Regenmenge.

17) Von zwei Feldern, von denen das eine mehr Nahrungsstoffe zusammengenommen enthält wie das andere, liefert das daran reichere auch in trockenen Jahren, unter sonst gleichen Verhältnissen, einen höheren Ertrag als das ärmere.

18) Von zwei Feldern von gleicher Beschaffenheit und gleichem Gehalt an Bodenbestandtheilen, von denen das eine aber in verwesbaren Pflanzen- (oder Dünger-) Bestandtheilen außerdem eine Kohlensäurequelle enthält, liefert das letztere auch in trockenen Jahren einen höheren Ertrag als das andere.

Die Ursache dieser Verschiedenheit oder Ungleichheit im Ertrag beruht auf der ungleichen Zufuhr der Bodenbestandtheile in Quantität und Qualität, welche die Pflanze in gleichen Zeiten von dem Boden empfängt.

19) Alle Widerstände, welche die Löslichkeit und Aufnahmsfähigkeit der im Boden vorhandenen Nahrungsstoffe der Gewächse hindern, heben in demselben Verhältniß deren Fähigkeit auf, zur Ernährung zu dienen, d. h. sie machen die Nahrung wirkungslos. Eine gewisse physikalische Beschaffenheit des Bodens ist eine nothwendige Vorbedingung zur Wirksamkeit der darin vorhandenen Nahrung. Der Boden muß der atmosphärischen Luft und dem Wasser Zutritt und den Wurzelfasern die Möglichkeit gestatten, sich nach allen Richtungen zu verbreiten und die Nahrung aufzusuchen. Der Ausdruck tellurische Bedingungen bezeichnet den Inbegriff aller von der physikalischen Beschaffenheit und Zusammensetzung des Bodens abhängigen, für die Entwickelung der Pflanzen nothwendigen Bedingungen*).

*) Nach einem vortrefflichen Artikel der Allgemeinen Augsburger Zeitung, Beilage 301 vom 28. October 1854, scheint Manchem die Frage,

20) Alle Pflanzen ohne Unterschied bedürfen zu ihrer Ernährung Phosphorsäure, Schwefelsäure, die Alkalien, Kalk-, Bittererde, Eisen; gewisse Pflanzengattungen Kieselerde; die an dem Strande des Meeres und

---

ob der Dünger nur die physikalischen Kräfte des Bodens steigere oder ob er auch zur Ernährung diene, noch einer Lösung zu bedürfen. Der Ausdruck „physikalische Kräfte" macht die Antwort hierauf schwierig, weil man nicht weiß, was darunter gemeint ist. Die Theile, woraus die Ackerkrume besteht, besitzen eine Menge Eigenschaften und darunter auch physikalische, womit man diejenigen bezeichnet, die wir mit unseren Sinnen wahrnehmen, wie Farbe, Dichtigkeit, Porosität, festen oder lockeren Zusammenhang 2c. Zu den anderen Eigenschaften der Ackerkrume, welche man mit den Sinnen nicht wahrnimmt, gehören die chemischen Eigenschaften, worunter man die Eigenschaften versteht, welche die chemische Verbindung oder Zersetzung begleiten. Der Mangel oder das Vorhandensein der physikalischen Eigenschaften hindert oder befördert die Aeußerung der chemischen Eigenschaften, oder die Vorgänge der chemischen Verbindung und Zersetzung; aber an und für sich bringen sie keine Wirkungen hervor. Unter Ernährung einer Pflanze versteht man die Zunahme ihrer Masse in ihren Theilen. Zunahme an Masse ist Gewichtsvermehrung, welche nur durch Aufnahme von wägbaren Theilen statthaben kann. Ein Körper trägt zur Ernährung einer Pflanze bei, heißt, er trägt, indem er zu einem Bestandtheil eines Organs oder der Organe wird, durch seine eigene Masse dazu bei, daß das Gewicht der Pflanze zunimmt. Man sieht leicht, daß die physikalischen Eigenschaften der Materie an sich an der Ernährung keinen directen Antheil haben; ein Boden kann von der besten physikalischen Beschaffenheit und dennoch ganz unfruchtbar sein; um ernährungsfähig zu sein, muß er Materien von gewissen chemischen Eigenschaften enthalten und seine physikalischen Eigenschaffen müssen gestatten, daß die chemischen sich äußern können. Wenn der Boden durch seinen Zusammenhang den Wurzeln eine Verbreitung nicht gestattet, so kann die Wurzel nicht zu der Materie gelangen, die sie zur Ernährung braucht; wenn er dem Wasser keinen Zutritt gestattet, so können sich die ernährenden Materien der Wurzel nicht zubewegen. Ein

im Meere wachsenden Pflanzen **Kochsalz**, **Natron**, **Jodmetalle**. In mehreren Pflanzengattungen können die Alkalien zum Theil durch Kalk- und Bittererde, und diese umgekehrt durch Alkalien vertreten werden. Alle diese Stoffe sind einbegriffen in der Bezeichnung **mineralische** Nahrungsmittel; **atmosphärische** Nahrungsmittel sind **Kohlensäure** und **Ammoniak**. Das **Wasser** dient zur Nahrung und zur Vermittelung des Ernährungsprocesses.

21) Die für eine Pflanze nothwendigen Nahrungsstoffe sind **gleichwerthig**, d. h. wenn eines von der ganzen Anzahl fehlt, so gedeiht die Pflanze nicht.

22) Die für die Cultur aller Pflanzengattungen geeigneten Felder enthalten alle für diese Pflanzengattungen nothwendigen Bodenbestandtheile; die Worte **fruchtbar** oder reich, **unfruchtbar** oder arm drücken das relative Verhältniß dieser Bodenbestandtheile in Quantität oder Qualität aus.

Unter **qualitativer** Verschiedenheit versteht man den ungleichen Zustand der Löslichkeit, oder Uebergangsfähigkeit der mineralischen Nahrungsmittel in den Organismus der Pflanzen, welcher vermittelt wird durch das Wasser.

Von zwei Bodenarten, welche **gleiche** Mengen mineralischer Nahrungsmittel enthalten, kann die eine **fruchtbar** (als reich), die andere **unfruchtbar** sein (als arm angesehen werden), wenn in der letzteren diese Bestandtheile nicht

---

Stück Fleisch besitzt, wie Jedermann weiß, ernährende Eigenschaften, aber es ernährt nicht durch seine physikalischen Eigenschaften, Farbe, Härte der Faser, Zusammenhang, sondern weil seine eigenen Theile fähig sind, zu Theilen des lebendigen Körpers zu werden. Wenn man ein Stück Fleisch auf den Bauch legt, so bringt es keine Wirkungen hervor, es muß durchaus in dem Magen flüssig werden und in den Kreislauf übergehen.

frei, sondern in einer chemischen Verbindung sich befinden. Ein Körper, der sich in chemischer Verbindung befindet, setzt, in Folge der Anziehung seiner anderen Bestandtheile, einem zweiten, der sich damit zu verbinden strebt, einen Widerstand entgegen, der überwunden werden muß, wenn beide sich verbinden sollen.

23) Alle für die Cultur geeigneten Bodenarten enthalten die mineralischen Nahrungsmittel der Pflanzen in diesen zweierlei Zuständen. Alle zusammen stellen das Capital, die frei löslichen den flüssigen beweglichen Theil des Capitals dar.

24) Einen Boden durch geeignete Mittel, aber ohne Zufuhr von mineralischen Nahrungsmitteln verbessern, bereichern, fruchtbarer machen, heißt einen Theil des todten, unbeweglichen Capitals, das ist die chemisch gebundenen Bestandtheile, frei, beweglich und verwendbar für die Pflanzen machen.

25) Die mechanische Bearbeitung des Feldes hat den Zweck, die chemischen Widerstände im Boden zu überwinden, die in chemischer Verbindung befindlichen, mineralischen Nahrungsmittel frei und verwendbar zu machen. Dieß geschieht durch Mitwirkung der Atmosphäre, der Kohlensäure, des Sauerstoffs und Wassers. Die Wirkung heißt Verwitterung. Stehendes Wasser im Boden, welches der Atmosphäre den Zugang zu den chemischen Verbindungen verschließt, ist Widerstand gegen die Verwitterung.

26) Brachzeit heißt die Zeit der Verwitterung. Während der Brache wird dem Boden durch die Luft und das Regenwasser Kohlensäure und Ammoniak zugeführt. Letzteres bleibt im Boden, wenn Materien darin vorhanden sind, welche es binden, d. h. die ihm seine Flüchtigkeit nehmen.

27) Ein Boden ist fruchtbar für eine gegebene Pflan-

zengattung, wenn er die für diese Pflanze nothwendigen mineralischen Nahrungsstoffe in gehöriger Menge, in dem richtigen Verhältniß und in der zur Aufnahme geeigneten Beschaffenheit enthält.

28) Wenn dieser Boden durch eine Reihe von Ernten, ohne Ersatz der hinweggenommenen mineralischen Nahrungsmittel, unfruchtbar für diese Pflanzengattung geworden ist, so wird er nach einem oder einer Anzahl von Brachjahren wieder fruchtbar für diese Pflanzengattung, wenn er neben den löslichen und hinweggenommenen Bodenbestandtheilen eine gewisse Summe derselben Stoffe im unlöslichen Zustande enthielt, welche während der Brachzeit durch mechanische Bearbeitung und Verwitterung löslich geworden sind. Durch die sogenannte Gründüngung wird diese Wirkung in kürzerer Zeit erzielt.

29) Ein Feld, worin diese mineralischen Nahrungsmittel fehlen, wird durch Brachliegen und mechanische Bearbeitung nicht fruchtbar.

30) Die Steigerung der Fruchtbarkeit eines Feldes durch die Brache und die mechanische Bearbeitung und Hinwegnahme der Bodenbestandtheile in den Ernten, ohne Ersatz derselben, hat in kürzerer oder längerer Zeit eine dauernde Unfruchtbarkeit zur Folge.

31) Wenn der Boden seine Fruchtbarkeit dauernd bewahren soll, so müssen ihm nach kürzerer oder längerer Zeit die entzogenen Bodenbestandtheile wieder ersetzt, d. h. die Zusammensetzung des Bodens muß wieder hergestellt werden.

32) Verschiedene Pflanzengattungen bedürfen zu ihrer Entwickelung dieselben mineralischen Nahrungsmittel, aber in ungleicher Menge oder in ungleichen Zeiten. Einige Culturpflanzen müssen Kieselsäure in löslichem Zustande im Boden vorfinden.

33) Wenn ein gegebenes Stück Feld eine gewisse Summe aller mineralischen Nahrungsmittel in gleicher Menge und in geeigneter Beschaffenheit enthält, so wird dieses Feld unfruchtbar für eine einzelne Pflanzengattung, wenn durch eine Aufeinanderfolge von Culturen ein einzelner dieser Bodenbestandtheile (z. B. lösliche Kieselerde) soweit entzogen ist, daß seine Quantität für eine neue Ernte nicht mehr ausreicht.

34) Eine zweite Pflanze, welche diesen Bestandtheil (die Kieselerde z. B.) nicht bedarf, wird, auf demselben Felde gebaut, eine oder eine Reihenfolge von Ernten zu liefern vermögen, weil die anderen ihr nothwendigen mineralischen Nahrungsmittel in einem zwar geänderten Verhältnisse (nicht mehr in gleicher Menge), aber für ihre vollkommene Entwickelung ausreichender Menge vorhanden sind. Eine dritte Pflanzengattung wird nach der zweiten auf dem nämlichen Felde gedeihen, wenn die zurückgelassenen Bodenbestandtheile für den Bedarf einer Ernte ausreichen; und wenn während der Cultur dieser Gewächse eine neue Quantität des fehlenden Bestandtheils (der löslichen Kieselerde) durch Verwitterung wieder löslich geworden ist, so kann auf demselben Felde beim Vorhandensein der anderen Bedingungen die erste Pflanze wieder cultivirbar sein.

35) Auf der ungleichen Menge und Beschaffenheit der mineralischen Nahrungsmittel und dem ungleichen Verhältniß, in dem sie zur Entwickelung der verschiedenen Pflanzengattungen dienen, beruht die Wechselwirthschaft und die Verschiedenheit des Fruchtwechsels in verschiedenen Gegenden.

36) Das Wachsen einer Pflanze, ihre Zunahme an Masse und ihre vollkommene Entwickelung in einer gegebenen Zeit, bei Gleichheit aller Bedingungen, steht in Verhältniß zur Oberfläche der Organe, welche bestimmt sind, die Nahrung

aufzunehmen. Die Menge der aus der Luft aufnehmbaren Nahrungsstoffe ist abhängig von der Anzahl und der Oberfläche der Blätter, die der aus dem Boden aufnehmbaren Nahrung von der Anzahl und Oberfläche der Wurzelfasern.

37) Wenn während der Blatt- und Wurzelbildung zwei Pflanzen derselben Gattung eine ungleiche Menge Nahrung in derselben Zeit dargeboten wird, so ist ihre Zunahme an Masse ungleich in dieser Zeit, sie ist größer bei derjenigen Pflanze, welche in dieser Zeit mehr Nahrung empfängt, die Entwickelung derselben wird beschleunigt. Dieselbe Ungleichheit in der Zunahme zeigt sich, wenn den beiden Pflanzen die nämliche Nahrung in derselben Menge, aber in einem verschiedenen Zustande der Löslichkeit dargeboten wird.

Durch Darbietung der richtigen Menge aller zur Ernährung eines Gewächses nothwendigen atmosphärischen und tellurischen Nahrungsmittel in der gehörigen Zeit und Beschaffenheit wird ihre Entwickelung in der Zeit beschleunigt. Die Bedingungen der Zeitverkürzung ihrer Entwickelung sind die nämlichen wie die zu ihrer Zunahme an Masse.

38) Zwei Pflanzen, deren Wurzelfasern eine gleiche Länge und Ausdehnung haben, gedeihen weniger gut neben einander oder nach einander, als zwei Pflanzen, deren Wurzeln, von ungleicher Länge, ihre Nahrung aus ungleicher Tiefe und Ebene des Bodens empfangen.

39) Die zum Leben einer Pflanze nöthigen Nahrungsstoffe müssen in einer gegebenen Zeit zusammenwirken, wenn sie zur vollen Entwickelung in dieser Zeit gelangen soll. Je rascher sich eine Pflanze in der Zeit entwickelt, desto mehr Nahrung bedarf sie in dieser Zeit, die Sommerpflanze mehr wie die perennirenden Gewächse.

40) Wenn einer der zusammenwirkenden Bestandtheile

des Bodens oder der Atmosphäre fehlt oder mangelt oder die zur Aufnahme geeignete Beschaffenheit nicht besitzt, so entwickelt sich die Pflanze nicht oder in ihren Theilen nur unvollkommen.

Der fehlende oder mangelnde Bestandtheil macht die anderen vorhandenen wirkungslos, oder vermindert ihre Wirksamkeit.

41) Wird der fehlende oder mangelnde Bestandtheil dem Boden zugesetzt oder der vorhandene unlösliche löslich gemacht, so werden die anderen wirksam.

Durch den Mangel oder die Abwesenheit eines nothwendigen Bestandtheils, beim Vorhandensein aller anderen, wird der Boden unfruchtbar für alle diejenigen Gewächse, welche diesen Bestandtheil zu ihrem Leben nicht entbehren können. Der Boden liefert reichliche Ernten, wenn dieser Bestandtheil in richtiger Menge und Beschaffenheit zugesetzt wird. Bei Bodenarten von unbekanntem Gehalt an mineralischen Nahrungsmitteln geben Versuche mit den einzelnen Düngerbestandtheilen Mittel ab, um Kenntniß von der Beschaffenheit des Feldes und dem Vorhandensein der anderen Düngerbestandtheile zu erlangen. Wenn z. B. der phosphorsaure Kalk wirksam ist, d. h. den Ertrag eines Feldes erhöht, so ist dies ein Zeichen, daß derselbe gefehlt hat oder in zu geringer Menge vorhanden war, während an allen übrigen kein Mangel war. Hätte einer von den anderen nothwendigen Bestandtheilen ebenfalls gefehlt, so würde der phosphorsaure Kalk keine Wirkung gehabt haben.

42) Die Wirksamkeit aller Bodenbestandtheile zusammengenommen in einer gegebenen Zeit, ist abhängig von der Mitwirkung der atmosphärischen Nahrungsmittel in eben dieser Zeit.

43) Die Wirksamkeit der atmosphärischen Nahrungsmittel in der Zeit ist abhängig von der Mitwirkung der Bodenbestandtheile in eben dieser Zeit, beim Vorhandensein der Bodenbestandtheile und ihrer geeigneten Beschaffenheit steht die Entwickelung der Pflanzen im Verhältniß zu der Menge der dargebotenen und aufgenommenen atmosphärischen Nahrungsmittel. Das Verhältniß der Menge und der Beschaffenheit der mineralischen Nahrungsmittel (ihres Zustandes der Aufnahmefähigkeit) im Boden und die Abwesenheit oder das Vorhandensein der Hindernisse ihrer Wirksamkeit (physikalische Beschaffenheit) erhöht oder vermindert die Anzahl und Masse der auf einer gegebenen Fläche cultivirbaren Pflanzen. Der fruchtbare Boden entzieht in den darauf wachsenden Pflanzen der atmosphärischen Luft mehr Kohlensäure und Ammoniak als der unfruchtbare; diese Entziehung steht im Verhältniß zu seiner Fruchtbarkeit und ist nur begrenzt durch den begrenzten Gehalt an Kohlensäure und Ammoniak in der Luft.

44) Bei gleicher Zufuhr der atmosphärischen Bedingungen des Wachsthums der Pflanzen stehen die Ernten in geradem Verhältniß zu den im Dünger zugeführten mineralischen Nahrungsmitteln.

45) Bei gleichen tellurischen Bedingungen stehen die Ernten im Verhältniß zu der Menge der durch die Atmosphäre und den Boden zugeführten atmosphärischen Nahrungsmittel. Wenn den im Boden vorhandenen wirksamen mineralischen Nahrungsmitteln Ammoniak und Kohlensäure zugesetzt werden, so wird seine Ertragsfähigkeit erhöht.

Die Vereinigung der tellurischen und atmosphärischen Bedingungen und ihr Zusammenwirken in der richtigen Menge,

Zeit und Beschaffenheit bedingen das **Maximum** des Ertrages.

46) Die Zufuhr einer größeren Menge atmosphärischer Nahrungsmittel (mittelst Ammoniaksalze, Humus), als die Luft darbietet, erhöht die Wirksamkeit der vorhandenen mineralischen Nahrungsmittel in einer gegebenen Zeit. In derselben Zeit wird alsdann von gleicher Fläche mehr geerntet, in einem Jahre möglicher Weise soviel als in zwei Jahren ohne diesen Ueberschuß.

47) In einem an **mineralischen Nahrungsmitteln reichen Boden** kann der Ertrag des Feldes durch Zufuhr von denselben Stoffen nicht erhöht werden.

48) In einem an **atmosphärischen Nahrungsstoffen reichen Felde** kann der Ertrag durch Zufuhr derselben Stoffe nicht gesteigert werden.

49) Von einem an mineralischen Nahrungsmitteln reichen Felde lassen sich in einem Jahre oder in einer Reihenfolge von Jahren durch Zufuhr und Einverleibung von Ammoniak allein, oder von Humus und Ammoniak, reichliche Ernten erzielen, ohne allen Ersatz der in den Ernten hinweggenommenen Bodenbestandtheile. Es hängt alsdann die Dauer dieser Erträge ab von dem Vorrathe, der Menge und Beschaffenheit der im Boden enthaltenen mineralischen Nahrungsmittel. Die fortgesetzte Anwendung dieser Mittel bewirkt eine Erschöpfung des Bodens.

50) Wenn nach dieser Zeit der Boden seine ursprüngliche Fruchtbarkeit wieder erhalten soll, so müssen ihm die in der Reihe von Jahren entzogenen Bodenbestandtheile wieder zugeführt werden. Wenn der Boden in zehn Jahren zehn Ernten geliefert hat, ohne Ersatz der hinweggenommenen Bodenbestandtheile, so müssen ihm diese in der zehnfachen

Quantität im elften Jahre wiedergegeben werden, wenn derselbe seine Fähigkeit wiedererhalten soll, eine gleiche Anzahl von Ernten zu liefern.

Die vorausgehenden funfzig Sätze knüpfen sich an einen einzigen Satz, daß nämlich die Ernährung, das Wachsthum und die Entwickelung der Pflanze von der Aufnahme gewisser Materien abhängig ist, welche durch sich selbst, durch ihre Masse eine Wirkung äußern. Diese Wirkung steht deshalb in gewissen Grenzen, im geraden Verhältniß zu ihrer Masse und im umgekehrten Verhältniß zu den Widerständen, die ihre Wirkung hindern. Wird dieser Satz, dessen Wahrheit keinem Zweifel unterworfen sein kann, angenommen, so lassen sich alle funfzig Sätze daraus folgern, wenn man den Verhältnissen der Quantität die Worte arm oder reich, fruchtbar oder unfruchtbar, und ihrer Wirkung die Worte Fruchtbarkeit, Ertrag, Ernte rc. substituirt.

Wer sich die Mühe nimmt, mein Buch mit einiger Aufmerksamkeit durchzulesen, wird leicht die einzelnen Sätze auffinden, bis auf Nro. 14, auf welche ich zurückkommen werde.

Was die Wahrheit der entwickelten Ansichten betrifft, so kennt man die Wirkung der Thierexcremente, der Abfälle von Pflanzen und von Thierstoffen seit undenklicher Zeit; die ersten Beobachtungen über die Wirkung des Ammoniaks hat, wie ich glaube, Herr Davy gemacht (s. S. 67 meines Buches). Die Untersuchung der Processe der Fäulniß und Verwesung thierischer Materien (s. meine Abhandlung in den Annalen d. Chem. u. Ph. Bd. XXX, S. 250. 339), sowie die Beobachtung des constanten Vorkommens des Ammoniaks in der Luft und im Regenwasser, führte mich zu dem Schlusse, daß den Pflanzen als Nahrung nicht mehrere, sondern nur eine einzige Stickstoffverbindung von der Natur dargeboten werde, daß das Ammoniak die einzige wirklich bekannte Stickstoffverbindung sei, und daß alle übrigen Stickstoffverbindungen nur in so fern wirken, als sie fähig sind, durch ihre Zersetzung im Dünger oder Boden Ammoniak auszugeben *).

Daß der Humus bei Gegenwart von Feuchtigkeit und Luft eine Kohlensäurequelle darstelle, war durch de Saussure längst dargethan. Seltsamer Weise hat de Saussure bis zu seinem Tode die Wirkung des Humus als eine Kohlensäurequelle geleugnet und Beweise für die sogenannte Humustheorie (Ann. d. Chem. u. Ph. Bd. XLII, S. 275) aufgesucht.

Auf die Wirkung des Humus als Kohlensäurequelle, als Auflösungsmittel des phosphorsauren Kalks und der alkalischen Erden, habe ich zuerst (1851) in meinen chemischen Briefen,

---

*) Was man im Jahre 1840 von dem Ammoniak als der Stickstoffquelle der Pflanzen wußte, dürfte sich vielleicht mit mehr Bestimmtheit aus einem Briefe entnehmen lassen, den mir Herr Boussingault — eine nicht bestreitbare Autorität in diesem Felde — am 8. Mai 1840 schrieb: „Herr Pelouze theilte mir mit, daß Sie in dem Regenwasser kohlensaures Ammoniak gefunden haben und daß Sie damit den nützlichen Einfluß des Gypsens erklären; ich theile Ihre Ansicht und sehe darin überdieß die einflußreichste Quelle des Stickstoffs der Ernten, eine Quelle, die ich vergeblich gesucht habe und die ich einfach in die Atmosphäre verlegte, ohne sie genauer bezeichnen zu können.“ Zu den isolirten Beobachtungen über Ammoniak in der Luft kann noch die Wahrnehmung von Scheele gerechnet werden, welcher (Opuscul. II, 273) fand, daß sich an den Mündungen in Zimmern aufbewahrter Flaschen mit Salzsäure oder Schwefelsäure, Ammoniaksalze bildeten. Ferner sah de Saussure (A. Gehlen II, 691) der freien Luft dargebotene schwefelsaure Thonerde in Ammoniakalaun übergehen; ebenso fand Collard de Martigny verdünnte Schwefelsäure, auf einem Dache zu Paris der Luft dargeboten, ammoniakhaltig werden (Journ. de chem. médicale III, 316); ich selbst fand vor 26 Jahren (Ann. de chem. et de physique XXXV, 329) in 17 Regenfällen von 77, Salpetersäure an Ammoniak gebunden.

Seite 625 (3. Aufl. Anmerkung), aufmerksam gemacht (14. Satz). Boussingault beschäftigte sich später (1852) mit der Bestimmung der Kohlensäure in der Luft der Ackerkrume, und er fand, daß im frisch gedüngten Boden diese Luft häufig 400mal mehr Kohlensäure enthält als die atmosphärische Luft.

Die Löslichkeit des phosphorsauren Kalks in schwefelsaurem Ammoniak habe ich S. 158 meines Buches erwähnt. Kuhlmann spricht sich (Comptes rendus XVII, p. 1118 bis 1130) mehrere Jahre später folgendermaßen darüber aus: „Um die Wirkung der Ammoniaksalze vollständig zu beurtheilen, ist es nöthig, darauf hinzudeuten, daß sie den Uebergang der Salze in die Pflanzen befördern. Phosphorsaurer Kalk, phosphorsaure Magnesia, Kieselerde können sich unter Mitwirkung des kohlensauren Ammoniaks etwas im Wasser lösen und absorbirbar werden. — Jeder Boden enthält kohlensauren Kalk, welcher selten frei von Alkali ist, und dieser wird unter dem Einflusse der Sonnenwärme den Salmiak und das schwefelsaure Ammoniak zerlegen, wodurch lösliche Kalksalze und kohlensaures Ammoniak entstehen. — So stellen sich also die Ammoniaksalze nicht nur als die Hauptträger des Stickstoffs für die Pflanzen, sondern auch als die Mittel dar, den Uebergang der für das Pflanzenleben unbedingt nothwendigen Salze für die Pflanze zu erleichtern. Kein Wunder also, daß sie so günstig wirken." — Der Zustand der Löslichkeit oder der Aufnahmsfähigkeit der mineralischen Düngmittel hat, wie ich in meinem Buche darzuthun versuchte, den größten Einfluß auf ihre Wirksamkeit, und es liegt darin z. B. der Grund, daß der harte, dichte, nicht poröse Apatit bei gleichem Gewichte eine viel geringere Wirkung in der Zeit äußert als gebrannte Knochen, und daß die Wirkung der letzteren in der Zeit in so hohem Grade zunimmt, wenn durch Zumischung von Schwefelsäure ihre Löslichkeit erhöht ist.

Alle diese Verhältnisse zusammengenommen, machen die Beurtheilung des Werthes eines Düngmittels so schwierig, weil es in einer gewissen Form scheinbar unwirksam, in einer anderen im hohen Grade wirksam ist.

Was die Nothwendigkeit der Alkalien, der alkalischen Erden, der Phosphorsäure, der Schwefelsäure für alle Gewächse, der Kieselerde für die Cerealien betrifft, so sind bereits in Pollstorf's, des Fürsten Salm-Horstmar-Magnus, Wolf's und anderen Untersuchungen ganz bestimmte und genügende Beweise vorhanden. Kein Chemiker, kein Pflanzenphysiologe, kurz kein Mann der Wissenschaft, der den Thatsachen ihren logischen Ausdruck zu geben versteht, bezweifelt die Wahrheit dieser Lehre; sie ist bekanntlich noch nicht alt, denn noch im Jahre 1840 betrachtet Dumas in seiner Statique chimique des êtres organisés, sich offenbar auf die Versuche von de Saussure stützend, die Gegenwart derselben in den Pflanzen für zufällig.

Ueber die Ansichten, welche Sprengel über diese Substanzen und ihren Antheil im Pflanzenleben hatte, habe ich mich in den Annalen d. Chem. u. Ph. Bd. XXXVII, S. 226 ausgesprochen. Das Wichtigste, was man von dem Vorkommen der Mineralbestandtheile und ihre Bedeutung, ja Alles, was man überhaupt über chemische Pflanzenphysiologie und Agriculturchemie vor 1840 mit einiger Zuverlässigkeit wußte, knüpft sich an die Untersuchungen de Saussure's (Recherches sur la végétation) und an das Werk von Davy, denen ich volle Rechnung getragen habe. Was davon bis dahin in die botanischen und landwirthschaftlichen Werke überging, ist nur ein sehr dürftiger Auszug dieser bewundernswürdigen Arbeiten. Der Nutzen der Holzaschen als Düngmittel ist länger bekannt, schon Hales (Vegetable Statik's etc. Lond. 1727.) spricht sich vor 127 Jahren darüber weitläufig aus.

Ich habe in den Jahren 1845 bis 1849 über die Wirkung der einzelnen mineralischen Düngmittel eine Reihe von Versuchen, in ziemlich großem Maßstab, auf einem Stücke Feld von 16 hess. Morgen (etwa 10 engl. Acres) angestellt, welches ich von der Stadt Gießen zu diesem Zwecke erwarb. Frühere Versuche, die ich in meinem Garten in der Stadt anstellte, blieben ohne alles Resultat; was ich auch thun und anwenden mochte, ich war nicht im Stande, irgend eine bemerkliche Wirkung von einer meiner Mischungen wahrzunehmen. Der einzige Grund, den ich als die Ursache dieser scheinbaren Wirkungslosigkeit auffand, war die Zusammensetzung meines Gartenbodens, der an sich durch vorhergehende Cultur und Düngung so reich an diesen Stoffen geworden war, daß der verhältnißmäßig geringe Zusatz von mineralischen Düngmitteln gegen die Masse, die im Boden vorhanden war, ganz und gar verschwand. Dieß veranlaßte mich zu dem Ankauf des bemerkten Stücks, einer Sandgrube östlich von der Stadt, welches ich vor allen in der ganzen Umgebung ausgezeichnet fand durch die beinahe vollkommene Unfruchtbarkeit für die gewöhnlichen Culturpflanzen; ich glaube nicht, daß in einem ganzen Jahr von selbst so viel Gras und Futterkräuter darauf wuchsen, daß man ein einziges Schaf damit hätte erhalten können. Der Boden ist zum Theil ein loser Sand, zum Theil besteht er aus mehr oder weniger grobem Quarzgerölle und aus einigen Streifen von Sand mit etwas Lehm.

Ich hatte mit dem Boden eine Anzahl von Blumenscherben gefüllt und Korn, Gerste und rothen Klee eingesäet und die Erde mit verschiedenen Düngstoffen einzeln versetzt; keiner davon brachte die Pflanzen bis über die Blüthe hinaus. Dieses Feld hatte demnach die geeignete Beschaffenheit für meine Zwecke.

Die Herren Schwarzenberg u. Comp. in Ringkuhl bei Cassel hatten die Gefälligkeit, mir nach gegebenen Vorschriften eine Quantität Mineraldünger in ihrer Sodafabrik zu bereiten, welcher auf dem Felde gleichförmig verbreitet wurde, bis auf ein Stück Weinberg von etwa 2000 Stöcken, von welchen jeder einzelne, beim Einlegen mit der umgebenden Erde gemischt, ein viertel Pfund erhielt. Es wurden auf den verschiedenen bezeichneten Feldern Weizen, Roggen, Gerste, Klee, Kartoffeln, Rüben, Mais, Topinambur cultivirt, einige kleine Versuchsfelder empfingen gleichzeitig Sägespäne, ein Stück Stalldünger allein, ein anderes eine Mischung von Mineraldünger mit derselben Menge Stalldünger. Außer der Portion Stalldünger, die für diesen Zweck verwendet wurde, kam kein ammoniakalisches Düngmittel, keine thierische Substanz auf den kleinen Feldercomplex. Von zwei Stücken empfing das eine mehrere Wagenladungen Walderde aus einem nahen Walde, das andere eine Mischung von Walderde mit Mineraldünger.

Mehrere der ausgezeichnetsten Landwirthe in der Gegend, darunter Herr v. Firnhaber, waren der Meinung, daß es nicht gelingen könne, auf diesem Boden Weizen oder Klee zu erziehen, und die Urtheile dieser Männer über mein Unternehmen sind mir noch heute im Gedächtniß. Ich hatte im ersten Jahre nur auf einen geringen Ertrag gerechnet, der Boden war, ehe er in meinen Besitz kam, nie in Cultur gewesen; aber so mittelmäßig, ja schlecht die Ernte auch ausfiel, sie übertraf doch das, was ich eigentlich erwartete. Es mußte eine Reihe von Jahren vergehen, ehe die Bestandtheile des Düngers in den

Zustand der Lösung übergegangen und sich in der Ackerkrume verbreitet hatten. Die Gerste stand auf dem mit Mineraldünger und Walderde gedüngten Felde besser als auf dem anderen; auf dem Felde, welches Sägespäne erhalten hatte, waren die Pflanzen ebenfalls größer und kräftiger; das mit Stallmist und Mineraldünger gedüngte Feld lieferte eine Weizenernte ebenso reich als auf einem der besten Felder in der Nachbarschaft. Ich wurde durch die Wirkung der Sägespäne, der organischen Substanz der Walderde und des Stalldüngers zuerst über die eigentliche Wirkung des Humus und der verwesenden Substanzen im Boden (s. Nr. 14) aufgeklärt und sah meine früheren Ansichten darüber berichtigt und vervollständigt. Die Ernte von Rüben, Klee und Kartoffeln genügte übrigens noch nicht zur Erhaltung einer Kuh; von den Früchten wurde nur das Korn und ein Theil der Kartoffeln ausgeführt. Ich komme vielleicht später auf die Beschreibung der einzelnen Beobachtungen zurück und bemerke hier nur soviel, daß ohne Zufuhr von irgend einem Dünger von außen im zweiten Jahr alle Feldfrüchte besser standen und einen weit höheren Ertrag lieferten; und diese Fruchtbarkeit nahm steigend zu, so daß die Felder im vierten Jahre die Bewunderung aller derer erregten, welche den ursprünglichen Zustand und die Beschaffenheit der Felder kannten.

Ich hatte Gelegenheit, meine kleinen Felder dem Herrn Geheimerath v. Beckedorf, Präsident des Landes-Oekonomie-Collegiums in Berlin, sowie dem Herrn Regierungsrath Reuning, welcher durch seine Stellung in Dresden einen so segensreichen Einfluß auf die sächsische Landwirthschaft ausübt, vier Jahre nach der Anlage zu zeigen, und ich erinnere mich mit Befriedigung an das lebhafte Interesse, welches sie meinen Versuchen zuwandten. Im Jahre 1849 übernahm mein ehemaliger Gärtner Kappes käuflich die ganze Anlage, und der fleißige Mann, welcher nicht die Mittel hat, Dünger zu kaufen, wirthschaftet mit Erfolg auf dem jetzt ganz wohl beschaffenen kleinen Gute; er ist im Stande, unterstützt durch eine kleine Kaffee- und Bierwirthschaft in den Sommermonaten, seinen und seiner Familie Lebensunterhalt darauf zu gewinnen, er hält zwei Kühe, zieht jährlich mehrere Rinder und hat soviel erworben, daß er seine Gebäulichkeiten erweitern konnte; Alles ohne Ammoniak und Humus, bloß durch Mineraldünger. Ueber die Wirkung desselben im Jahr 1853 schrieb mir ein Landwirth aus der Umgegend (Aubel in Wiseck) Folgendes: „Bei uns ist der Körnerertrag sehr wenig, auf der Höhe (das Stück kennt man in Gießen unter dem Namen Liebig's Höhe) haben wir von 1 Fuder Roggen 12 Simmer Körner geerntet; ich habe von 3 Fuder vom besten Roggen nur 10 Simmer bekommen; würden Sie es sehen, Sie würden erstaunen, ja es ist merkwürdig."

Erst nach Verlauf von etwa vier Jahren kamen nach und nach die dem Boden einverleibten mineralischen Nahrungsmittel in Wirksamkeit, und es werden diese Felder voraussichtlich ihre Fruchtbarkeit bewahren, wenn denselben eine der Ausfuhr in den verkauften Feldfrüchten entsprechende Menge Bodenbestandtheile jährlich wieder ersetzt wird.

Die Wirkung der einzelnen Düngerbestandtheile zeigte sich auf eine ganz in die Augen fallende, in manchen Fällen ganz wunderbare Weise. Der Mangel oder Ueberschuß des phosphorsauren Kalks, der Alkalien für die Wurzelgewächse, der alkalischen Erden für den Klee, des kieselsauren Alkalis für die Cerealien konnte in dem Wachsthum dieser Pflanzen deutlich wahrgenommen werden. Die Versuchsfelder erschienen gleich der Schrift auf den Blättern eines Buches, deren Verständniß auch dem ganz Unkundigen einleuchtend wurde.

Ich habe allen Grund, zu glauben, daß durch die organischen Ueberreste, welche von den geernteten Feldfrüchten auf den Feldern verblieben, in Folge ihrer Verwesung und der Wirkung der aus ihrem kohlenstoffhaltigen Bestandtheile entstehenden Kohlensäure, aus dem Boden selbst noch mineralische Nahrungsmitttel in Wirksamkeit kamen, welche vorher keine Wirkung hatten. Seitdem der jetzige Eigenthümer in Besitz trat, wurde der Stalldünger und die im Hause gewonnenen thierischen Excremente, namentlich der Harn, auf's sorgfältigste gesammelt, und es versteht sich ganz von selbst, daß diese Stoffe dem Boden wieder einverleibt wurden. Diese 16 Morgen Feld verhielten sich in den darauf erzielten Pflanzen als wahre Condensatoren von Kohlenstoff und Stickstoff, und ich halte mich für vollkommen berechtigt, aus meinen Versuchen den Schluß zu ziehen, daß in den gewöhnlichen Wirthschaften, vorausgesetzt, daß man dem Boden die geeignete Beschaffenheit und Zusammensetzung giebt, nach und nach eine solche Menge Ammoniak angesammelt werden kann, daß es mehr als hinreicht, um, im Verhältniß zu den vorhandenen Bodenbestandtheilen, diesen das für jedes Feld entsprechende Maximum an Wirksamkeit zu geben, was natürlich nicht ausschließt, daß man durch Vermehrung der mineralischen und atmosphärischen Nahrungsmittel im Boden einen erreichbar weit höheren Ertrag erzielen kann.

Meine Versuche, die mir eine Ausgabe von 8000 Gulden (den Unterschied der ganzen Ausgabe und des Verkaufspreises) verursachten, beweisen zwar, daß die Fruchtbarmachung eines unfruchtbaren Feldes, wenn dessen Unfruchtbarkeit von einem Mangel an wirksamen Bestandtheilen und nicht von einer ungeeigneten physikalischen Beschaffenheit herrührt, zu Ausgaben nöthigt, welche mehr als der Ankauf des fruchtbarsten Feldes betragen, allein in dieser Beziehung hatte ich mich keiner Täuschung hingegeben; was ich erreichen wollte, war dieses Opfer wohl werth; was ich erreicht habe, war die unerschütterliche Ueberzeugung, daß für die Landwirthschaft eine Zeit kommen muß, wo man sie als eine Kunst nach wissenschaftlichen Principien, wie eine jede andere Fabrikation, und nicht nach Recepten betreiben wird. Für meine Person erlangte ich durch diese Versuche das volle Bewußtsein, daß meine Lehre keine wesentlichen Irrthümer in sich einschließe und daß sie, richtig angewendet, auch in der Praxis sich bewähren müsse; ich erlangte dadurch die Ruhe, ihren Erfolg in der Zeit abzuwarten.

Auf der Landwirthschaft ruht jetzt noch ein Zwang, der unerkannt Allem, was die Wissenschaft lehren mag, den Zugang verschließt. Dieser Zwang ist die Wechselwirthschaft. Der Landwirth kann nicht immer bauen was er soll, oder was er vorzugsweise bauen möchte, sondern er ist häufig genöthigt, einen großen Theil seiner Felder mit Gewächsen zu bestellen, um mittelst eines ihm oft unnützen und beschwerlichen Viehstandes Dünger für die Getreidefelder, für die Erzielung seiner verkaufbaren Producte zu erzeugen. Eine Masse von Werthen in Feldern, in Arbeit und Geld wird durch diese lebendigen Düngerfabriken vernichtet.

Eine der wissenschaftlichen Landwirthschaft würdige Aufgabe in unserer Zeit ist, an die Stelle des Wechsels mit Gewächsen einen Wechsel mit den geeigneten Düngmitteln zu setzen, durch welchen der Landwirth in Stand gesetzt ist, auf jedem seiner Felder diejenigen Feldfrüchte zu ziehen, deren Verwerthung für ihn je nach seiner Lage und seinen Zwecken am vortheilhaftesten ist. Wie unendlich einfach würden sich die Arbeiten des Landwirths gestalten, wenn es ihm gelänge, auf demselben Felde ohne Aufhören dieselbe Pflanze zu cultiviren.

Um diese Idee zu verwirklichen, für welche sich vor sieben Jahren Herr Joshua Walmesley, früher Maire in Liverpool und Parlamentsglied, auf's wärmste interessirte, schlug ich damals den englischen Landwirthen vor, sich mit mir zu einer Reihe von Versuchen zu vereinigen. Die Herren Muspratt u. Comp. in Liverpool unterzogen sich mit Bereitwilligkeit und bedeutenden Opfern der Darstellung von Zusammensetzungen, welche, auf die Analysen der Pflanzenaschen gestützt, berechnet waren, eine Reihe von Jahren hindurch eine und dieselbe Pflanzengattung mit den ihr nothwendigen Mineralbestandtheilen zu versehen. Die Absicht war, zu ermitteln, ob sich unter diesen Umständen auf dem Felde unausgesetzt die nämliche Pflanze cultiviren lasse, ohne Abnahme der Fruchtbarkeit des Feldes. Es war ganz unmöglich, die Wirksamkeit dieser Mineraldünger in der Zeit voraus zu wissen, oder für jedes Feld festzusetzen. Zur Ermittelung aller dieser Fragen, die sich an die Wirkung in der Zeit knüpften, mußten die Erfolge dieser Versuche selbst abgewartet werden, und ich war fest entschlossen, mit einer Anzahl von Landwirthen in verschiedenen Ländern die Versuche durchzuführen, welche ich später allein unternahm.

Jedermann kennt den Erfolg dieser Versuche, welche noch heute in den Werken landwirthschaftlicher Schriftsteller, seltsamer Weise, als eine mißglückte Speculation figuriren*).

*) Herr A. von Versen, praktischer Landwirth, spricht sich hierüber in seinem Werke „Die Natur in ihrem Walten, Danzig 1854" folgendermaßen aus: „Wir wollen dem Manne der Wissenschaft hiermit nicht

Ohne nur irgend Kenntniß zu nehmen von der Beschaffenheit der Felder, erwartete man Erfolge, die kein Dünger in der Welt realisirt; man sah sich in diesen Erwartungen getäuscht. Aber ich selbst war der am meisten Getäuschte; ich hatte gewagt, zu glauben, daß die von mir auseinandergesetzten Grundsätze Wurzel in der Landwirthschaft gefaßt hätten. Meine Lehre hatte aber nur Leben in den Lehrern, ohne sie, ohne die Bemühungen Stöckhardt's und Anderer wären die Landwirthe so hülflos wie zuvor; was die meisten Landwirthe Lehre nennen, bewegt sich um die dunklen unklaren Begriffe von den Boden bereichernden, schonenden, erschöpfenden, starkangreifenden Gewächsen!! Ich weiß nicht, ob und wie weit man dem wissenschaftlichen Ziele näher gekommen wäre, welches vielleicht nicht erreichbar, und der localen Verhältnisse wegen vielleicht nicht einmal für Alle gleich

etwa nachreden, daß er die Menschheit hat täuschen wollen." Derselbe Herr von Versen, welcher eine so vortheilhafte Meinung von mir den Lesern seines Buches beibringt, wandte sich mit der liebenswürdigsten Naivetät mit der Bitte an mich, ihm meine Ansicht über den Werth desselben mittheilen zu wollen. Diese Art Bücher sind sich einander sehr ähnlich; ich habe darinnen sehr viele Auszüge aus meinen Büchern und aus anderen guten Werken gefunden, Grund genug, zu behaupten, daß es viel Gutes enthalte. Mehrere Irrthümer hätte er mit einiger Aufmerksamkeit vermeiden können, einen davon erlaube ich mir hier zu berichtigen. Seite 92 sagt er Folgendes: „Liebig sagt in seinen chemischen Briefen, daß in dem Leibe derjenigen Menschen, welche geistig viel arbeiten, stets weniger Phosphor vorgefunden werde als in anderen, welche bloß ihre physischen Kräfte verwenden, indem durch das Denken Phosphor consumirt werde; er meint endlich, ohne Phosphor keine Gedanken." Zufällig gehört nämlich die Ehre der Erfindung, daß Phosphor im Gehirne sei, nicht mir, sondern Herrn Dr. Moleschott an, und ich habe in meinen chemischen Briefen erklärt, S. 553, daß sie falsch sei und durch keine einzige Thatsache begründet werden könne.

möglich ist; aber die Wichtigkeit der Lehre selbst, die vollkommene Gewißheit über die Wirkung der einzelnen Düngerbestandtheile, nach ihrer Beschaffenheit und Form, in ihrem Wechsel nach der geologischen und klimatischen Beschaffenheit der Felder, diese kann nicht überschätzt werden. Wenn von den großen Summen, welche durch die landwirthschaftlichen Vereine jährlich zusammenfließen und die in der Mehrheit der Fälle ganz ohne bestimmte und bestimmbare Erfolge verwendet werden, ein kleiner Theil in den verflossenen zehn Jahren zu wohl durchdachten Versuchen in dieser Richtung verwendet worden wäre, so könnte man jetzt um einen guten Schritt diesem Ziele näher sein.

Wenn man erwägt, daß die Zuckerfabrik in Waghäusel allein jährlich 600,000 Pfund Kalisalze in den Handel bringt, welche von den Feldern der badischen Rübenpflanzer stammen, ohne ersetzt zu werden, daß man in Norddeutschland Jahr vor Jahr mit Hülfe von Guano eine außerordentliche Masse Kartoffeln zieht, lediglich für die Spiritusfabrikation, und daß außer den Bestandtheilen des Guano diesen Kartoffelfeldern keiner von den in den Knollen enthaltenen anderen Bestandtheilen wieder zugeführt wird, so kann man über den endlichen Zustand der Felder nicht zweifelhaft sein. Der Vorrath von diesen anderen Bodenbestandtheilen mag noch so groß sein, er ist erschöpfbar.

Ich fühle ganz, daß zum Können das Wissen nicht ausreicht, und daß zum eigentlichen Voranbringen einer Wissenschaft nur eine neue Generation geschickt ist. In wenigen Jahrzehenden wird es anders sein. Die eingewurzelten Irrthümer wirken immer als Widerstände, welche stärker und mächtiger sind als eine neue Wahrheit. Was Einer sucht, kann er zuletzt nur finden auf einem und zwar dem richtigen

Wege, und wenn er beharrlich einen anderen, wenn er den falschen geht, wie läßt sich hoffen, daß er an das Ziel gelange!

Möchten die tüchtigen und wackeren Lehrer der Agriculturchemie den nöthigen Muth sich bewahren; denn der Mensch verhält sich in Beziehung zur geistigen Nahrung nicht anders wie eine Pflanze; so wie diese ihre Nahrung nicht concentrirt, sondern unendlich verdünnt mit Wasser von der Natur empfangen muß, wenn sie gedeihen soll, so ist es mit dem Geiste des Menschen; eine abstracte Wahrheit wirkt nur dann auf die Sinne und die Gemüther, wenn sie gehörig verdünnt, nach allen Richtungen gekehrt, das Innere nach außen gewendet, mit Kleidung, Schmuck und Putz versehen, ihnen dargeboten wird; zuletzt ist sie immer dem keimenden Samen eines Baumes gleich, den der Wind oder ein Vogel in eine Felsenspalte trägt; in ihr liegt, wie in diesem, eine wunderbar organische Kraft, welche allmälig alle Widerstände besiegt, wie die Wurzeln des zum Baume gewordenen Samenkorns den schwersten Felsen heben; und wie der alte Sinnspruch spricht — Alles ohne Lärm, denn das was wächst, macht keinen Lärm.

Ich hatte mich seit der letzten Ausgabe meines Buches in den Jahren 1846 bis 1850 Untersuchungen in der physiologischen und Thierchemie, über die stickstoffhaltigen Bestandtheile der Vegetabilien, über das Fleisch, über die Ursachen der Bewegung der Säfte in Pflanzen und Thieren, welche seither erschienen sind, zugewendet, die mich so in Anspruch nahmen, daß ich die Landwirthschaft ganz aus dem Gesicht verlor, und obwohl mir Herr Lawes seine Versuche regelmäßig zusandte, so nahm ich doch ebensowenig wie von anderen in ähnlicher Richtung Notiz davon, ich begnügte mich, in einer neuen Ausgabe meiner chemischen Briefe einige Worte darüber zu sagen und glaubte die Sache damit abgemacht. Im Jahre 1851 erschien eine neue Abhandlung von Herrn Lawes, in welcher er auf seine früheren Versuche zurückkommt und die Richtigkeit seiner Schlüsse, obwohl jetzt in einem sehr beschränkten Sinne, fortwährend behauptet; da ich nun wahrnehme, daß dieselben in deutsche Werke über Landwirthschaft übergegangen sind, und ich jede Art von Polemik in der Bearbeitung der neuen Auflage meines Buches vermeiden möchte, so hielt ich es für angemessener, sie in einer besonderen Schrift zu beleuchten.

Die Abhandlungen des Herrn Lawes, auf welche ich mich beziehe, erschienen in dem Journal of the Royal Agricultural Society of England, Vol. VIII. Part I. und Vol. XII. Part I.; er sagt im letzteren Bande S. 2: „In dem Verlauf unserer Untersuchung haben uns alle unsere Resultate Meinungen aufgedrängt, welche sehr verschieden in einigen wichtigen Punkten von denen des Professors Liebig sind, im Besonderen in Beziehung auf seine sogenannte Mineraltheorie, welche verkörpert ist in der folgenden Sentenz Seite 211 der dritten Ausgabe seines Werkes über Agriculturchemie, worin er sagt: „„Der Ertrag eines Feldes steigt oder fällt in geradem Verhältniß zu den im Dünger zugeführten mineralischen Nahrungsstoffen““ (Seite 275 der 6. deutschen Auflage).“

Der letzte Satz, welcher meine sogenannte Mineraltheorie enthalten soll, ist aus dem Zusammenhange einer Reihe von Sätzen gerissen und hat im Buche eine ganz andere Bedeutung, als wie die, welche ihm von Herrn Lawes beigelegt wird. Diese Sätze heißen, Seite 274: „Es ist hiernach vollkommen gewiß, daß der Ertrag unserer Felder an Stickstoff nicht im Verhältniß zu der im Dünger zugeführten Stickstoffmenge steigt, daß wir durch Zufuhr stickstoffreichen Düngers durch **Ammoniaksalze allein** die Ertragsfähigkeit der Felder nicht zu steigern vermögen, daß hingegen ihr Productionsvermögen mit den **im Dünger** zugeführten mineralischen Nahrungsstoffen steigt und abnimmt."

Es ergiebt sich, wie man sehen wird, daß Herr Lawes in den ersten Jahren seiner Versuche nur diesen einzigen Satz vor Augen hatte, und ich will glauben, daß er keinen anderen Satz aus meinem Buche kannte, und diesen einen Satz hat er gänzlich mißverstanden.

In den citirten Sätzen ist der Ertrag der Felder verglichen mit dem Verhältniß der im Dünger (inclusive Mineralsubstanzen) zugeführten stickstoffhaltigen Bestandtheile und mit den im Dünger (inclusive Stickstoffverbindungen) zugeführten Mineralsubstanzen.

Die Worte in dem obigen Satze durch Ammoniaksalze allein und dann **im Dünger** zeigen, daß ich nicht daran dachte, Ammoniak und Kohlensäure im Dünger auszuschließen. Nach Herrn Lawes' Vorstellung hätte ich mit Auslassung des Wortes Dünger sagen müssen, daß hingegen ihr Productionsvermögen mit den zugeführten mineralischen Nahrungsstoffen steigt und abnimmt, was ich nicht gesagt habe.

Der Sinn der Sätze in meinem Buche ist: daß Ammoniaksalze allein keine Wirkung hätten, daß sie, um wirksam zu sein, begleitet sein müßten von den Mineralsubstanzen, und daß die Wirkung immer im Verhältniß stehe — nicht zum Ammoniak — sondern zu den Mineralsubstanzen.

Das folgende Schema wird meine Meinung verdeutlichen:

Ammoniak.	Mineralsubst.	Ertrag.
Ueberschuß.	keine.	kein.
Ueberschuß.	wenig.	wenig.
Ueberschuß.	mehr.	mehr.
Ueberschuß.	Maximum.	Maximum.
Mineralsubst.	**Ammoniak.**	**Ertrag.**
Ueberschuß.	kein.	Mittel.
Ueberschuß.	wenig.	voll.
Ueberschuß.	mehr.	Maximum.
Ueberschuß.	Maximum.	nicht mehr.

Herr Lawes kommt in seinen Versuchen mit dem Weizen zu dem Schlusse:

1) daß die Mineralbestandtheile des Weizens für sich die Fruchtbarkeit des Feldes nicht zu steigern vermögen;

2) daß der Ertrag an Korn und Stroh eher im Verhältniß stehe zu dem zugeführten Ammoniak.

Man wird aus der Beleuchtung seiner Versuche, wie ich glaube, die volle Ueberzeugung gewinnen, daß sie diesen Behauptungen nicht nur widersprechen, sondern daß seine Versuche auch die strengsten Beweise sind für die Meinung, die ich in den obigen Sätzen ausgesprochen habe und die Herr Lawes widerlegt zu haben glaubt.

Den ersten seiner Schlüsse, daß nämlich „der Ertrag eines Feldes an Korn und Stroh nicht im Verhältniß stehe zu der Menge der zugeführten mineralischen Nahrungsmittel", sucht er durch folgende Versuche zu beweisen:

Das Weizenfeld, welches zu diesen Versuchen diente, umfaßte 14 Acres; es wurde eingetheilt in eine Anzahl gleicher

Stücke; ein Stück davon blieb ungedüngt, ein anderes wurde mit 14 Tonnen Stalldünger jedes Jahr gedüngt, die übrigen empfingen verschiedene Arten und Mengen künstlicher Düngmittel.

Das Resultat siebenjähriger Versuche (siehe Vol. VIII, p. 19. 21. 24) war: daß das mit Stalldünger gedüngte Feld einen um die Hälfte höheren Ertrag gab als das ungedüngte, daß aber auf den mit den mannigfaltigsten Mischungen von Knochenerde, Knochen mit Schwefelsäure, phosphorsaurer Magnesia, phosphorsaurem Natron, phosphorsaurem Kali, kieselsaurem Kali gedüngten Stücke der Ertrag nicht merklich höher war als der des ungedüngten Feldes; nur Liebig's Mineraldünger zeichnete sich etwas aus, das damit gedüngte Feld lieferte 184 Pfund Korn und 221 Pfund Stroh mehr als das ungedüngte, was Herr Lawes einer kleinen Menge Ammoniak in diesem Dünger zuzuschreiben geneigt ist, welches er deutlich gerochen haben will (p. 21). Wenn man nun nach dem Grunde der Unwirksamkeit der mineralischen Düngmittel fragt, so ergiebt sich die Antwort, auf welche Herr Lawes unbegreiflicher Weise nicht gekommen ist, aus der Betrachtung der Erträge des ungedüngten Stückes ganz von selbst, es lieferte per Acre (Vol. XII, p. 16):

1844	—	923	Pfund	Korn	—	1120	Pfund	Stroh.
1845	—	1441	„	„	—	2712	„	„
1846	—	1207	„	„	—	1513	„	„
1847	—	1122	„	„	—	1902	„	„
1848	—	952	„	„	—	1712	„	„
1849	—	1227	„	„	—	1614	„	„
1850	—	1000	„	„	—	1719	„	„
	Mittel	1125	Pfund	Korn	und	1756	Pfund	Stroh.

Diese Zahlen, welche die ohne alle Düngung sieben Jahre hinter einander auf demselben Felde geernteten Producte an Korn und Stroh ausdrücken, zeigen augenscheinlich, daß der Boden an sich so reich an vorräthigen Bodenbestandtheilen war, daß eine Düngung mit 448 Pfund Mineraldünger per Acre, welche auf eine Tiefe von 12 Zoll einen Gran auf 20 Cubikzoll Ackerkrume ausmacht, unbedingt keine Wirkung oder nur eine sehr geringe äußern konnte; denn das Feld enthielt im ersten Jahr siebenmal, das heißt über 85 Procent mehr an diesen Substanzen, als für eine Ernte nöthig gewesen wäre. Herr Lawes sagt selbst, Vol. XII, p. 23: „Es ist eine merkwürdige Thatsache, daß wir auf dem Stücke Nr. 3, welches durch vorausgegangene Culturen ungewöhnlich erschöpft war, sieben Jahre hinter einander Ernten von Weizenkorn und Stroh ohne allen Dünger erzielt haben und daß bei dieser Behandlung gegenwärtig (1851) keine Zeichen von verminderter Fruchtbarkeit bemerklich sind; denn der Mittelertrag ist 1125 Pfund Korn und 1756 Pfund Stroh. — — — —

„So sind die Resultate der Versuchsreihe auf dem Stücke 10a allein hinreichend, zu zeigen, wieviel auch die Menge der entzogenen Bodenbestandtheile betragen haben mag, daß der Boden selbst, im Verhältniß zu dem Ammoniak, benutzbar aus natürlichen Quellen, einen Ueberschuß der nothwendigen Mineralbestandtheile enthielt."

Um den Irrthum des Herrn Lawes richtig zu beurtheilen, muß man sich an die Beschaffenheit seines ungedüngten Feldes erinnern; im siebenten Jahre lieferte dasselbe, wie die Tabelle ergiebt, 77 Pfund Korn und 599 Pfund Stroh mehr als im ersten; ohne einen Fehler zu begehen, läßt sich demnach voraussetzen, daß es sieben weitere, vielleicht doppelt soviel Ernten ohne alle Düngung geliefert haben würde. Angenommen, es habe einen Vorrath an Mineralbestandtheilen enthalten, ausreichend für vierzehn Ernten, so würde die Düngung dieses Feldes mit einer Quantität von den Aschenbestandtheilen des Weizenkornes und Strohes, nöthig für eine Ernte, den Ertrag an diesen Producten im äußersten Fall um 8 Pfund Korn und 125 Pfund Stroh, d. h. um $^1/_{14}$ des Mittelertrages haben erhöhen können; denn dieß ist das Maximum, was Herr Lawes von seinem Felde an Mehrertrag hätte erwarten können.

Herr Lawes wählte hiernach zu seinen Versuchen ein Stück Feld, welches vermöge seines Reichthums an Bodenbestandtheilen und seiner sonstigen Beschaffenheit ganz und gar ungeeignet für seine Zwecke war und welches, um die Wirkung der mineralischen Nahrungsmittel zu prüfen, durchaus verworfen werden mußte; da nun die Mineraldüngung diejenige Wirkung nicht haben konnte, welche Lawes erwartete, so fehlt seinen Schlüssen alle und jede logische und thatsächliche Begründung.

Als eine bemerkenswerthe Probe des agricultur-chemischen Gedankenganges des Herrn Lawes möge der auf den oben citirten folgende Satz dienen (XII, p. 23):

„Aber man muß uns nicht so verstehen, daß wir sagen, ein jeder Boden könne ohne Aufhören und ohne Düngung jährlich $17^1/_2$ Bushels Korn und 17 Centner Stroh liefern; ganz im Gegentheil, wir wissen sehr wohl, daß sie dieß nicht thun, und daß die sogenannten „leichten Boden", welche in hoher Cultur gehalten gute Ernten von Weizen gaben, nur ein geringes Verhältniß zu dieser Quantität (dem Ertrage auf Herrn Lawes' Boden) liefern würden. Daß die „schweren Bodenarten" eine natürliche Fruchtbarkeit besitzen weit über das hinaus, was man auf den ersten Blick glauben könnte, hierüber kann kein Zweifel sein — wäre es nicht so, wie ließe sich erklären (was wohl schwerlich Jemand erklärt, J. v. L.), wie diejenigen, welche beinahe Alles verkaufen, was sie produciren ohne Ersatz, ihren Lebensunterhalt erwerben und ihre Rente bezahlen könnten. Was wir sagen, ist dieß, daß mittelst der gewöhnlichen Methoden der praktischen Landwirthschaft, durch welche irgend ein Boden zubereitet wird, um eine genügende Ernte von Korn und Fleisch für den Verkauf zu liefern, die charakteristische Erschöpfung, als Kornerzeuger, die des Stickstoffs sein wird, und daß die Mineralbestandtheile in dieser Behandlung beziehungsweise zum Stickstoff im Ueberschuß sein werden."

Wenn ich den Sinn dieser dunklen Sätze in die wissenschaftliche Sprache übersetze und richtig deute, so meint Herr Lawes, daß er nicht sagen wolle, alle Bodenarten vermöchten, ohne Aufhören und ohne Düngung, jährlich 1125 Pfund Korn und 1756 Pfund Stroh zu liefern; ganz im Gegentheil wisse er Bodenarten, sogenannte leichte Boden, d. h. arm an Bodenbestandtheilen, welche sehr gut gedüngt gute Ernten geben und ungedüngt sehr bald durch Kornbau erschöpft würden; es gebe aber Bodenarten, sogenannte schwere Boden, so reich an Mineralbestandtheilen, daß sie ohne alle Düngung, durch Culturen gar nicht zu erschöpfen seien. (?) Was er sagen wolle, sei: daß wenn man einem Felde in seinen Producten nur Korn und Fleisch nehme und ausführe, und alles dasjenige dem Felde wieder durch gute Düngung zurückgebe, was demselben an Mineralbestandtheilen in den verkauften Producten entzogen worden sei, so wäre der Verlust nur Stickstoff, und die Mineralbestandtheile blieben in Beziehung auf den Stickstoff im Ueberschuß*).

*) But we must not be understood to say that all soils will

Wenn man also im eigentlichen Sinne nur Stickstoff ausführe, so blieben die Mineralbestandtheile zurück, und wenn ein Ueberschuß davon im Felde war, so bliebe dieser Ueberschuß zurück!

Dieß sind Wahrheiten, die wohl Niemand bestreiten wird.

Es ist eine Erfahrung, welche keinem Zweifel unterliegt, daß ein Feld, welches es auch sei, auf eine unendliche Reihe von Jahren hinaus seine Fähigkeit, fruchtbar für dieselbe Pflanzengattung zu sein, nicht behält, sondern daß in einer begrenzten Anzahl von Culturjahren die Pflanze auf demselben Boden nicht mehr gedeiht.

Wir wissen mit der größten Bestimmtheit, daß die Ursache dieser Abnahme an Fruchtbarkeit in einer Veränderung der Beschaffenheit des Feldes gesucht werden muß, und daß sie durch die Entziehung einer Anzahl von Mineralsubstanzen in den geernteten Pflanzen bedingt ist; denn sie sind unter allen Bedingungen, welche die Fruchtbarkeit des Feldes

---

yield continuously 17½ bush. of grain and 16 cwts. of straw per acre, without manure; on the contrary, we know full well that they will not, and that what are termed light soils, but which under high cultivation give good crops of wheat, would give but a small proportion of this quantity. That the heavier ones do possess a native fertility beyond what might at first sight be supposed, there can be little doubt, were it not so we should find it difficult to explain how those who sell of there land almost all its produce without return are enabled to live and pay there rent. But what we say is, that by the ordinary methods of practical agriculture by which any soils are made to yield a fair produce of grain and meat only, for sale, their characteristic exhaustion, as grain producers, will be that of Nitrogen and that the mineral constituents will, under this course, relatively to Nitrogen be in excess.

ausmachen, die einzigen, welche gewechselt haben; alle übrigen sind die nämlichen geblieben. Aus dieser Ursache, klar erkannt, folgt von selbst der Schluß, daß der Wiederersatz der entzogenen Bodenbestandtheile die Fruchtbarkeit des Feldes dauernd erhalten muß. Während also der Boden nach einer endlichen Reihe von Culturjahren unfruchtbar geworden wäre, würde er eine unendliche Reihe von Jahren fruchtbar geblieben sein, wenn demselben die entzogenen Bodenbestandtheile jährlich wieder ersetzt worden wären.

Welche Grundsätze sollen uns nun leiten in dem vorliegenden theoretischen Falle, in welchem angenommen ist, daß alle geernteten Feldfrüchte hinweggenommen werden und daß die Mineralbestandtheile demselben in der Form von Mineraldünger dem Felde wiedergegeben werden sollen? Soll man es machen wie Herr Lawes, der in seiner Prüfung der Wirkung der Mineraldünger, um das Rechte zu treffen, dem einen Stück (Vol. VIII, p. 19) 770 Pfund phosphorsauren Kalk und Natron, dem zweiten 675 Pfund phosphorsauren Kalk und Bittererde, dem dritten 725 Pfund phosphorsauren Kalk und Kali, dem vierten 560 Pfund phosphorsauren Kalk und 220 Pfund phosphorsaures Kali, dem fünften 350 Pfund phosphorsauren Kalk, 210 Pfund phosphorsaure Magnesia und 162½ Pfund phosphorsaures Natron 2c. 2c. gab, lauter Mischungen ohne alles Verständniß der Sache und ohne Ueberlegung, wie wenn sie zusammengewürfelt worden wären!?*)

Wahrlich in solchen Fällen giebt es gar keinen ande-

*) In Beziehung auf die leitenden wissenschaftlichen Grundsätze des Herrn Lawes wird man es bemerkenswerth finden, daß er im Jahre 1847 ein Weizenfeld mit 20 Ctrn. Reis und ein Rübenfeld mit 160 Pfd. phosphorsaurem Kalk und 5 Ctrn. Thran (Fischthran) gedüngt hat.

ren Führer als die Logik, welche gesunder Menschenverstand heißt:

Man gebe dem Felde, was ihm genommen wurde, weder mehr noch weniger, sondern genau soviel. Ich nehme an, daß das Feld nicht fruchtbarer werden soll als es war; denn sonst stellt sich die Frage anders.

Wie und auf welche Art soll man dieß nun thun? Die Weizenpflanze bedarf löslicher Kieselerde oder ein lösliches Silikat, sie hat phosphorsaures Kali, sehr wenig phosphorsauren Kalk und Bittererde (Eisen- und Schwefelsäure) nöthig. Die phosphorsauren Alkalien sind sehr löslich im Wasser, ebenso das kieselsaure Kali; die phosphorsauren Erden, das Eisen lösen sich nicht im Wasser. Alle zusammen auf das Feld gebracht, würde durch den Regen eine Theilung entstehen, die löslichen Salze gingen in die Tiefe, die unlöslichen blieben oben liegen, sie würden von einander getrennt werden. Wie ist nun das Verhältniß in dem Stalldünger? Außer den Salzen in dem Harne (der Jauche, Gülle) sind die anderen in chemischer Verbindung mit dem organischen Stoffe und nicht trennbar davon durch Auslaugen mit reinem oder kohlensaurem Wasser. Erst während die organische Substanz verwest, trennt sich die Mineralsubstanz davon und wird in dem geeigneten Lösungsmittel löslich. Es ist klar, daß man vor allem versuchen muß, den mineralischen Substanzen, welche auf das Feld gebracht werden sollen, eine solche Form zu geben, daß sie nahezu eine gleiche Löslichkeit besitzen und sich durch das Regenwasser nicht trennen, sondern beisammen bleiben. Phosphorsaurer Kalk giebt beim Glühen mit kohlensaurem Kali eine Verbindung, worin das Alkali seine Löslichkeit zum großen Theil verliert; sie löst sich vollkommen in kohlensaurem Wasser. Kieselsaures Alkali läßt sich durch Aenderung des Verhältnisses der Kieselsäure in verschiedenen Zuständen der Löslichkeit darstellen. In einer Mischung von Thon mit Kalkhydrat, wenn sie feucht einige Monate, z. B. in einer Grube in der Erde sich selbst überlassen bleibt, wird die Kieselsäure löslich. Durch Gyps läßt sich die Schwefelsäure geben, kein Boden ist frei von Eisen.

Mischungen, in dieser Form auf das Feld gebracht, müssen ganz dieselbe Wirkung haben, welche den Bestandtheilen in ihrem natürlichen Zustande zukommt, der einzige Unterschied ist ihre Wirkung in der Zeit. Alle sind löslich im Regenwasser, leichter in kohlensäurereicherem Wasser; ihre volle Wirkung tritt ein, wenn sie löslich geworden sind in einem Culturjahre; es wirkt nur die Hälfte darin, wenn sie erst in zwei Jahren auflöslich, d. h. verwendbar für die Pflanze werden. In dem ersten Jahre des Ersatzes durch diese Mischungen wird man in diesem Falle eine geringere Ernte haben, nach einem zweiten Zusatz im zweiten Jahre wird sich ein günstigeres Verhältniß herstellen; noch besser im dritten und so fort. Es ist zur Erforschung dieses Verhältnisses nothwendig, gleich von Anfang an eine ganze Reihe von Mischungen von verschiedener Löslichkeit darzustellen und jede dieser Mischungen für sich auf demselben Stücke Feld auf ihre Wirksamkeit durch den Versuch zu prüfen; gleich nach den ersten Jahren wird man in dieser Weise erfahren, welche davon den Zwecken entspricht; die beste darunter ist die, welche in dem ersten Culturjahre ihre volle Wirkung äußert.

Gleichzeitig mit diesen müßten Versuche angestellt werden mit Mineraldünger in flüssiger Form, dessen Bestandtheile also vollkommen gelöst sind. Es giebt viele Silikate, die sich in verdünnter Schwefelsäure lösen oder an diese Säure löslichen kieselsauren Kalk und Alkalien in Menge abgeben; der phosphorsaure Kalk wird schon sehr häufig, wenigstens in England, in diesem Zustande auf die Felder gebracht. Dieselbe Schwefelsäure könnte also gleichzeitig lösliche Kieselerde, phosphorsauren Kalk und Alkalien enthalten, und es ist die Frage, ob der Ersatz in dieser Form nicht einen Vorzug vor allen anderen Mischungen hat. Unter den Silikaten ist der Palagonit ausgezeichnet durch seine große Löslichkeit in Säuren, und es gehört verhältnißmäßig nur wenig dazu, um einem Weizenfelde durch dieses Mittel die entzogene lösliche Kieselsäure wiederzugeben.

Durch eine kleine Reihe von solchen Versuchen würde der Standpunkt der Landwirthschaft sehr bald ein ganz anderer werden; denn auf die feste Grundlage der genauen Bekanntschaft der Wirksamkeit der einzelnen mineralischen Nahrungsmittel und ihrer zweckmäßigsten Form ließe sich dann weiter bauen. Ich bin weit davon entfernt, dem Landwirth zuzumuthen, daß er keinen von allen den Ueberresten seiner Ernte, der Streu, dem Stroh und was sonst in seinem Besitze bleibt und nicht verkaufbar ist und welche wirksame Bestandtheile enthalten, seinen Feldern vorenthalten, d. h. denselben nicht geben soll. Darum handelt es sich in der Erörterung der gegenwärtigen rein theoretischen Frage nicht. Er soll vorerst die Ueberzeugung gewinnen, daß er den Stallmist, den Universaldünger, und jeden seiner Bestandtheile ersetzen kann durch einen in seiner Form und Zusammensetzung gleichwerthigen Stoff, und dieß kann er nur durch die Ermittelung der Wirksamkeit von Mischungen, in denen der Stalldünger und Alles, was damit zusammenhängt, gänzlich ausgeschlossen ist. Es bleibt ihm dann überlassen, wenn es ihm vortheilhaft ist, auf den

Stalldünger überhaupt zu verzichten, oder je nach seinem Vorrathe die verschiedenen wirksamen Ueberreste seiner Culturen, die sich in seinem Besitze befinden und deren Gehalt er kennt, durch die des Mineraldüngers zu ergänzen. Der Landwirth soll in den Stand gesetzt sein, jedem einzelnen Felde alle diejenigen Bestandtheile in annähernd richtigem Verhältniß und in gehöriger Beschaffenheit, entsprechend der Pflanzengattung, die er erzielen will, zu geben. Erst wenn dieses Ziel erreicht ist, ist der Landwirth von jedem Zwange frei, er ist Herr der Kräfte, über die er zur Erzeugung seiner Producte verfügt.

Wenn man die Erträge des ungedüngten Stücks in Lawes' Versuchen in verschiedenen Jahren mit einander vergleicht, so beobachtet man einen bedeutenden Unterschied.

Es wurde geerntet:

im 2. Jahr, 1845,	1441	Pfd.	Korn	und	2712	Pfd.	Stroh,
im 1. Jahr, 1844,	925	Pfd.	„	„	1120	Pfd.	„
mithin im 2. Jahr	516	Pfd.	Korn	und	1592	Pfd.	Stroh

mehr, obwohl das Feld im ersten Jahr an Mineralbestandtheilen reicher war als im zweiten.

Wenn man nach dem Grunde dieser Ungleichheit fragt, so läßt sich derselbe nicht suchen in einem größeren Gehalte der atmosphärischen Luft an Kohlensäure und Ammoniak, herbeigeführt in dem einen Jahre durch unbekannte Ursachen; der Grund muß nothwendig in gewissen Ursachen liegen, welche bewirkten, daß in der Culturperiode 1845 eine größere Menge in der gegebenen Zeit löslich und wirksam geworden war, als im Jahre vorher. Wären diese Bestandtheile nicht im Boden vorhanden gewesen, so würde auch eine vergrößerte Menge Ammoniak und Kohlensäure in der Atmosphäre keinen Einfluß auf den Ertrag geäußert haben. Da nun nicht angenommen werden kann, daß die Bodenbestandtheile eines und desselben Feldes in den verschiedenen Jahren durch unbekannte Ursachen ihre Löslichkeit wechseln, daß sie in dem einen Jahre in größerer Menge sich im Wasser lösen, als in einem anderen, so läßt sich als die wahrscheinliche Ursache dieses Unterschiedes nur die ungleiche Regenmenge, die in beiden Jahren fiel, und die Temperatur des Jahres in Betrachtung ziehen. Beide bestimmen die Wassermenge, welche in die Pflanze übergeht und verdunstet.

Wenn in dem Jahre 1844 eine bestimmte Menge Regen auf das Stück fiel und dadurch eine gewisse Menge Bodenbestandtheile in die Weizenpflanze überführbar wurde, und es fiel im Jahre 1845 zur günstigen Zeit die Hälfte mehr Regen, so löste dieser offenbar die Hälfte mehr an Bodenbestandtheilen auf; wären sie nicht aufgelöst gewesen, so würden sie nicht in die Pflanze übergeführt und verwendet worden sein, d. h. der Ertrag im Jahre 1845 hätte ohne ihre Mitwirkung nicht um die Hälfte größer sein können.

Auf was ich durch diese Betrachtung vorzüglich die Aufmerksamkeit der Landwirthe lenken möchte, dieß ist der Umstand, daß hier in diesem so sprechenden Falle der Ertrag des Feldes an Korn und Stroh und damit an stickstoffhaltigen Producten zunahm, ohne die geringste Zufuhr an stickstoffhaltigem Dünger, denn das Feld bekam überhaupt keinen Dünger, sondern durch die einfache Zunahme der Menge der aufgelösten vorräthigen Bodenbestandtheile in der Zeit.

Es wirkte eine größere Menge mineralischer Nahrungsmittel in derselben Zeit und es wurde die Oberfläche des Feldes durch die darauf wachsende Pflanze dadurch befähigt, um die ganze Hälfte mehr Stickstoff und Kohlensäure aus der Luft aufzusaugen, als in dem Jahre vorher.

Wenn Herr Lawes die eine Hälfte desselben Stück Feldes jedes Jahr ohne alle Düngung, die andere mit einem Mineraldünger genau im Verhältniß zu den entzogenen Bodenbestandtheilen gedüngt und beide jedes Jahr mit Weizen bebaut hätte, so würde sich vielleicht nach einer Anzahl von Jahren folgender Zustand herausgestellt haben.

Der Ertrag des ungedüngten Stückes würde jährlich abgenommen, der des anderen würde gleich geblieben sein. Ich halte es für wahrscheinlich, daß das zweite gedüngte Stück mehrere Jahre steigend in seinem Ertrage zugenommen haben würde, weil durch die Cultur selbst eine kleine Summe der unlöslichen Bestandtheile mehr den vorhandenen löslichen zugewachsen wäre. Daß die Mineraldünger in seinen Versuchen nicht wirkten, konnte Herr Lawes in den Erträgen seiner Stücke nicht wahrnehmen; daß sie überhaupt nicht wirken, diese Meinung scheint er, wie ich zeigen werde, seiner neuesten Schrift nach (Vol. XII, p. 39) nie gehabt zu haben; ich glaube deshalb keinen weiteren Beruf zu haben, die sogenannte Mineraltheorie in dem Satze, den er mißverstanden hat, zu vertheidigen; ich wage stets noch zu glauben, so sehr sich auch Herr Lawes darüber wundern mag (Vol. XII, p. 2), daß diese Theorie gar nicht bestreitbar ist und daß in ihrer Entwickelung und Festsetzung der Fortschritt und die ganze Zukunft der Agricultur liegt.

Wenn man nach den anderen Mitteln fragt, welche die Erfahrung und die Wissenschaft anzeigen, um die Fruchtbarkeit eines Bodens, welcher alle Mineralbestandtheile im Ueberschusse enthält, wie z. B. die Felder des Herrn Lawes, auf ein Maximum zu steigern, denselben also die Fähigkeit zu geben, einen höheren Ertrag an Korn und Stroh, eine reichere Ernte zu liefern, so ist die Antwort leicht. Ich will in dieser Beziehung mein Buch sprechen lassen und ich halte es für ein sehr glückliches Ereigniß, daß Herr Lawes es nicht zu Rathe gezogen oder gelesen hat, weil wir sonst dadurch um eine ganze Reihe lehrreicher Experimente gekommen wären.

S. 221 der sechsten Auflage heißt es: „In einem fruchtbaren Boden müssen die Pflanzen alle zu ihrer Entwickelung unentbehrlichen anorganischen Bestandtheile in hinreichender Menge und in einem Zustande vorfinden, der ihre Aufnahme gestattet."

S. 275: „Das Ammoniak beschleunigt und befördert das Wachsthum der Pflanzen auf allen Bodenarten, in welchen die Bedingungen seiner Assimilation sich vereinigt finden."

S. 193: „Von allen theoretischen Betrachtungen abgesehen, muß der rationelle Landwirth in Beziehung auf den Zweck, den er zu erreichen strebt, genau so verfahren, wie wenn von der Gegenwart der anorganischen Blutbestandtheile (der Mineralsubstanzen) die Production der organischen (der stickstofffreien und stickstoffhaltigen) abhängig wäre, und wenn er auf seinen Feldern ein Maximum von Blut und Fleisch erzielen will, so muß er diejenigen Bestandtheile in reichlicher Menge zuführen, welche die Atmosphäre nicht liefern kann."

S. 219: „Wenn wir auf einer gegebenen Fläche mehr davon (Brot und Fleisch) hervorbringen wollen, als die Pflanze aus der Atmosphäre fixiren oder von dem Boden empfangen kann, so müssen wir eine künstliche Atmosphäre schaffen, wir müssen dem Boden die Bestandtheile zuführen, die ihm fehlen."

S. 220: „Um ein Maximum an Größe in der gegebenen kurzen Zeit ihres Lebens zu erlangen, reicht die in der Atmosphäre enthaltene Nahrung nicht hin. Es muß für sie, wenn die Zwecke der Cultur erreicht werden sollen, eine künstliche Atmosphäre von Kohlensäure und Ammoniak in dem Boden selbst geschaffen werden, und es muß dieser Ueberschuß an Nahrung, der den Blättern fehlt, den ihnen correspondirenden Organen im Boden zugeführt werden."

S. 232: „Es ist gewiß, daß wir die Excremente der Thiere und Menschen entbehren können, wenn wir im Stande sind, aus anderen Quellen uns die Stoffe zu schaffen, durch die sie allein Werth für die Agricultur besitzen. Ob wir das Ammoniak in der Form von Urin oder in Form eines aus Steinkohlengas zu erhaltenden Salzes, ob wir den phosphorsauren Kalk in der Form von Knochen oder als Apatit zuführen, ist für den Zweck gleichgültig. Die Hauptaufgabe ist, daß wir in irgend einer Weise die hinweggenommenen Bestandtheile ersetzen. Ist dieser Ersatz unvollkommen, so nimmt die Fruchtbarkeit ab, führen wir mehr zu, so wird die Fruchtbarkeit gesteigert.

„Die Einfuhr von Harn, von festen Excrementen aus einem fremden Lande ist ganz gleich zu setzen einer Einfuhr von Korn und Vieh. Alle diese Stoffe nehmen in einer genau zu bestimmenden Zeit die Form von Getreide, Fleisch und Knochen an."

S. 67: „Dieses Ammoniak wird von dem Boden theils in Wasser gelöst, theils in Form von Gas aufgenommen, und mit ihm findet die Pflanze eine größere Menge des ihr unentbehrlichen Stickstoffs vor, als die Atmosphäre ihn liefert.

„Die Wirkung der künstlichen Zufuhr von Ammoniak

als eine Quelle von Stickstoff beschränkt sich gleich der von Humus auf einen Gewinn an Zeit."

S. 174: „Geben wir dem Boden (welcher die anderen Bestandtheile enthält) Ammoniak und die den Getreidepflanzen unentbehrlichen phosphorsauren Salze, so haben wir alle Bedingungen zu einer reichlichen Ernte erfüllt; denn die Atmosphäre ist ein ganz unerschöpfliches Magazin an Kohlensäure."

Nach diesen Anführungen aus meinem Werke kann meine, des Urhebers der sogenannten Mineraltheorie, Meinung über das Mittel der Steigerung der Erträge eines Feldes von geeigneter Bodenbeschaffenheit nicht zweifelhaft sein.

Herr Lawes gab dem Versuchsfelde 10 a im ersten Jahre 560 Pfund mit Schwefelsäure aufgeschlossene Knochen und 220 Pfd. kieselsaures Alkali, in den folgenden Jahren bloß Ammoniaksalze.

		Dünger.	Die Ernte.			
1. J.	1844	phosphors. Kalk, kieselsaures Kali	1008 Pfd.	Korn	1112 Pfd.	Stroh.
2. „	1845	336 Pfd. A.-Salz.	1980 „	„	4266 „	„
3. „	1846	224 „ „	1850 „	„	2244 „	„
4. „	1847	300 „ „	1702 „	„	2801 „	„
5. „	1848	300 „ „	1334 „	„	2367 „	„
6. „	1849	400 „ „	2141 „	„	2854 „	„
7. „	1850	400 „ „	1721 „	„	3089 „	„
Mittel-Ertrag in 7 Jahren			1676 Pfd.	Korn	2689 Pfd.	Stroh.
Das ungedüngte in 7 Jahren			1125 Pfd.	Korn	1756 Pfd.	Stroh.
		Mithin Mehrertrag	551 Pfd.	Korn	933 Pfd.	Stroh.

In der Vorstellung befangen, daß meine Ansichten über die Bedingungen der Fruchtbarkeit der Felder in einem Satze meines Buches, von drei Zeilen, verkörpert seien, hält Herr

Lawes diese Resultate für unvereinbar mit meiner Lehre, weil die Erträge in dem vorliegenden Falle eine Reihe von Jahren hindurch, ohne alle Zufuhr von Aschenbestandtheilen, durch Ammoniaksalze allein, gesteigert worden seien, um die Hälfte der Erträge des ungedüngten Feldes.

Ich habe in meinem Buche auseinandergesetzt, daß der Begriff der Fruchtbarkeit eines Feldes wesentlich die Dauer der Erträge in sich einschließt. Ein Feld, welches ungedüngt eine oder zwei gute Ernten liefert und dann keine mehr, hält Niemand für ein fruchtbares Feld. In dieser Beziehung steht die Fruchtbarkeit eines Bodens in geradem Verhältnisse zu den darin enthaltenen Bedingungen derselben, d. h. zu den für Ernährung der Gewächse nothwendigen mineralischen Nahrungsstoffen.

Die Quantität oder die Höhe des Ertrags steht aber im Verhältniß zu zwei Factoren — der mineralischen und atmosphärischen Nahrungsmittel —; die Quantität der Producte hängt ab von dem Vorhandensein und dem Zusammenwirken derselben in der richtigen Zeit und Menge.

Wenn der eine Factor vergrößert wird, z. B. die Menge der mineralischen Nahrungsmittel im Boden, während der andere Factor, die Menge der durch die Luft den Pflanzen zuführbaren Kohlensäure und Ammoniak, unverändert bleibt, so kann die Quantität der kohlenstoff- und stickstoffhaltigen Producte deshalb nicht zunehmen, sondern der Ertrag wechselt in diesem Fall im Verhältniß zur aufsaugenden Oberfläche der auf dem Felde cultivirten Pflanzen.

Da nun die Luft eine sehr begrenzte Menge Kohlensäure und Ammoniak enthält (2500 Volum. Luft enthalten nur 1 Vol. Kohlensäure und ein weit kleineres Verhältniß Ammoniak), so ist die Quantität der den Pflanzen zugeführten atmosphärischen Nahrungsmittel wesentlich abhängig von einem Wechsel der mit der Pflanze in Berührung kommenden Luftschichten; die ihrer Kohlensäure und ihres Ammoniaks beraubte Luftschicht muß verdrängt werden durch frische Luft, wenn eine weitere Aufnahme derselben durch die Pflanze erfolgen soll. Zu diesem Wechsel gehört eine gewisse Zeit.

Es ist klar, wenn wir die Kohlensäure- und Ammoniakmenge in der Luft verdoppeln oder verdreifachen könnten, wie dieß z. B. in geschlossenen Räumen in Mißbeeten geschieht, so würden die Pflanzen unter gleichen Verhältnissen doppelt oder dreimal soviel Kohlensäure und Ammoniak in derselben Zeit aufnehmen oder ebensoviel als bei der einfachen Zufuhr in der doppelten oder dreifachen Zeit. In demselben Verhältniß muß eine doppelte oder dreifache Menge mineralischer Nahrungsmittel in Wirksamkeit kommen; denn da sie Bestandtheile der Organe ausmachen, so ist ohne sie eine Zunahme an Masse der Pflanzen in ihren Theilen nicht denkbar; der Ertrag wird durch dieses Zusammenwirken verdoppelt oder verdreifacht werden.

Je nach der Summe der im Boden vorhandenen übergangsfähigen mineralischen Nahrungsstoffe richtet sich die Dauer der Fruchtbarkeit oder die Erträge eines Feldes in einer Reihe von Jahren.

Die Höhe oder Quantität der Erträge steht im Verhältniß der Quantität der vorhandenen oder zugeführten atmosphärischen und mineralischen Nahrungsmittel in derselben Zeit. Durch Düngung eines an Bodenbestandtheilen reichen Feldes mit Ammoniaksalzen steigen die Erträge in derselben Weise, wie wenn wir den Ammoniakgehalt der Luft vergrößert hätten.

Dies ist der Sinn der obigen aus meinem Buche citirten Sätze, sie sagen, daß der Landwirth, um die Erträge eines

Feldes über eine bestimmte Grenze hinaus zu steigern, bei gewissen nicht sehr blattreichen Gewächsen, wie z. B. bei der Cultur des Weizens, Ammoniak zuführen müsse.

Um in solchen Fällen einen höheren Ertrag zu erzielen, kommt es wesentlich darauf an, daß die mineralischen Nahrungsmittel im Boden nicht fehlen; wenn Ueberschuß davon vorhanden ist, bedarf es der Zufuhr derselben nicht.

Der Wiederersatz der in der Ernte hinweggenommenen Bodenbestandtheile erhöht bei daran reichen Feldern nicht den Ertrag, sondern bedingt die Dauer der Erträge.

Daß die mineralischen Nahrungsmittel der Weizenpflanze in seinen Feldern in reichlichster Menge vorhanden waren, hat Herr Lawes auf die überzeugendste Weise dargethan, und daß er unter diesen Verhältnissen ohne weitere Zufuhr von Mineraldünger, durch Düngung mit Ammoniaksalzen allein, sechs Jahre lang einen höheren Ertrag erzielte als das ungedüngte Stück zu liefern vermochte, darüber kann sich eigentlich nur Herr Lawes wundern, denn die Theorie sagte diese Resultate voraus.

Es ist nicht zu verstehen, wie Herr Lawes aus seinen Resultaten den Schluß ziehen konnte, „daß stickstoffhaltige Dünger ganz besonders geeignet seien für die Cultur des Weizens," da diese Dünger nur unter gewissen Voraussetzungen eine günstige Wirkung äußern, welche Herr Lawes ganz unberücksichtigt gelassen hat. Es giebt kaum eine Behauptung, welche mehr berechnet ist, den praktischen Landwirth irre zu leiten. Ich selbst hatte in der ersten Auflage meines Buches dem Ammoniak einen überwiegenden Werth beigelegt und glaubte diesen Fehler in den späteren Auflagen verbessert zu haben.

Wenn Herr Lawes behauptet hätte, daß auf seinem Felde,

unter den gegebenen Verhältnissen, Ammoniak und Ammoniaksalze ganz besonders günstig wirkten auf das Wachsthum des Weizens und, abgesehen von dem Preise, diese Salze unter gleichen Umständen die geeignetsten Düngmittel abgaben, so würde er einen in der Theorie vorgesehenen Fall einfach bestätigt haben; aber auch als eine ganz neue Entdeckung angesehen, ließe sich seiner Behauptung nichts entgegensetzen.

Dehnt man aber seinen Schluß auf irgend ein anderes Feld von ungleicher Beschaffenheit und anderen vorausgegangenen Verhältnissen aus, so erscheint er vollkommen falsch; denn es läßt sich ganz auf gleiche Weise und durch ebenso entschiedene Thatsachen beweisen, daß die Ammoniaksalze allein auf tausenden von Weizenäckern den Ertrag derselben nicht im mindesten erhöhen, daß sie auf anderen tausenden den Ertrag ein Jahr oder zwei Jahre lang steigern und dann eine weitere Anwendung auf denselben Feldern ohne alle Wirkung bleibt.

Der vorliegende Fall, welcher Herrn Lawes die Meinung beigebracht hat, daß die praktischen Erfahrungen der Landwirthschaft im Widerspruch ständen mit der Theorie, ist ganz geeignet, zu zeigen, worauf es in der Anstellung von landwirthschaftlichen Versuchen eigentlich ankommt; daß stickstoffhaltige Dünger besonders günstig in der Cultur des Weizens wirken, ist ein einfacher Ausdruck für eine in einem besonderen Fall wahrgenommene Erscheinung, deren Ursache nicht weiter ermittelt wurde. Die Behauptung ist die Thatsache selbst, sie lehrt und erklärt Nichts, weil sie nicht in Verbindung gebracht ist mit wissenschaftlichen Grundsätzen. Ohne die Erklärung der Thatsache ist sie eine unbekannte Größe = x; der Zweck eines Versuchs muß sein, die unbekannte Größe zu einer bekannten zu machen. Unzählige landwirthschaftliche Thatsachen sind ebenso viele x, aber tausende von unbekannten Größen machen keine bekannte aus.

Aus den Versuchen des Herrn Lawes ergiebt sich augenscheinlich, daß durch die Düngung mit Ammoniaksalzen, angenommen, die Wirkung habe auf dem Ammoniak allein beruht (eine Voraussetzung, die ich später erörtern werde), die Wirkung der vorhandenen Mineralbestandtheile in der Zeit beschleunigt werde.

Wenn wir die ganze Summe der Mineralbestandtheile nothwendig für die Weizenpflanze auf einem Acre = 12 setzen, hinreichend für zwölf auf einander folgende Ernten an Korn und Stroh, so würden wir auf dem Stück zwölf Ernten in zwölf Jahren haben ohne Mineral-Düngung und ohne Ammoniak.

Durch Düngung des Stückes mit drei Centner Ammoniaksalzen würden wir in einem Jahre die Hälfte mehr ernten, als auf dem ungedüngten, wir würden jedes Jahr $1\frac{1}{2}$ Ernten oder in 8 Jahren den Ertrag von 12 mittleren Ernten haben, d. h. der Boden würde in 8 Jahren verloren haben, was ihm ohne Ammoniak in 12 Jahren entzogen worden wäre, er würde 4 Jahre früher erschöpft, nämlich unfruchtbar dürfen Weizen geworden sein.

Ich glaube demnach, was ich in meinem Buche so umständlich zu begründen gesucht habe, daß in Beziehung auf Erschöpfung des Bodens Ammoniak und Ammoniaksalze, allein gegeben, der den Boden am rascheſten arm machende oder das Bodencapital aufzehrende Dünger ist.

Nur in dem einzigen Fall erhält sich die Fruchtbarkeit des Bodens, wenn das zugeführte Ammoniak begleitet ist von den

Mineralsubstanzen, welche jedes Jahr in der Ernte hinweggenommen worden sind; dieß kann durch einen einfachen Ersatz in einem Jahre oder durch einen fünffachen nach der fünften Ernte geschehen. Wenn dieß ein einziges Mal nicht geschieht, so muß dieß in einer Reihe von Ernten bemerkbar sein.

Der rationelle Landwirth sollte nicht denken, daß er einem reichen fruchtbaren Boden, ohne allen Ersatz, einen Theil seiner Bestandtheile entziehen dürfe, ohne dessen Fruchtbarkeit früher oder später zu beeinträchtigen; denn diese Fruchtbarkeit (sein Ertrag in der Zeit) ist die Wirkung der ganzen Summe aller seiner Bestandtheile, nicht bloß desjenigen Theiles, der in die Pflanze übergegangen ist, sondern auch der anderen vorräthigen Menge, die im Boden blieb, die ganze Summe hat gemacht, daß die Wurzeln ihre nothwendige Nahrung überall fanden, und wenn ein Theil von dieser Summe genommen wird, so finden die Pflanzen in dem Theile des Bodens, worin sie fehlen, die geeignete Nahrung nicht mehr vor.

Man denke sich nur, daß seit einigen hundert Jahren unsere Vorfahren diesen Grundsatz in seiner ganzen Strenge befolgt hätten, welch ein Paradies an Fruchtbarkeit würde Deutschland sein!! Die Nichtbefolgung dieses Grundsatzes ist die Ursache der Verarmung der Länder und die Quelle aller Noth, deren Beseitigung durch die Theilung des Besitzes immer schwieriger wird.

Es giebt nur einen einzigen Dünger, welcher die Fruchtbarkeit der Felder dauernd erhält, und dieß ist der Stalldünger, und wenn die Bedürfnisse der Zeit den Landwirth veranlassen, Mittel ausfindig zu machen, um ihn vollständig in allen seinen Wirkungen zu ersetzen, so kann dieß vernünftiger Weise mit Erfolg nur geschehen, wenn wir alle seine Bestandtheile ersetzen. Am nächsten liegt es für uns, den Aeckern die Mineralbestandtheile wiederzugeben in gleicher Menge und in demselben Verhältnisse, in welchem sie denselben entzogen worden sind, keiner darf fehlen.

Es ist demnach ganz unbestreitbar, sowie wir auf den Stalldünger verzichten und dem Felde nur einen seiner Bestandtheile, die Ammoniaksalze, geben, die Anwendung dieser Ammoniaksalze uns nothwendig zwingt, die übrigen Bestandtheile in der Form von Mineraldünger zu geben.

Durch Ammoniaksalze allein ohne Mineraldünger, bei Ausschluß von Stalldünger, ist auf die Dauer gar keine Cultur möglich. Zu diesen Schlüssen führen die Versuche des Herrn Lawes, und man wird wohl zugeben müssen, was ich im Eingange gesagt habe, daß unter allen Untersuchungen keine mehr als die seinige geeignet ist, der sogenannten Mineraltheorie den Weg zu bahnen.

Herr Lawes wird durch seine eigenen Resultate in einem so hohen Grade zu diesem Schlusse selbst gedrängt, daß nur die beinahe komische Beharrlichkeit, mit welcher er an seiner ursprünglichen Idee festhält, es erklärlich macht, daß er nicht ganz von selbst darauf gekommen ist. Lawes sagt Vol. VIII, p. 21: „In den letzten sieben Jahren hat dieses Feld einen immensen Verlust an Mineralsubstanzen erlitten, wirksam gemacht für die Pflanzen mit Hülfe des Ammoniaks, und die Producte des Jahres 1846 zeigen, daß die mineralische Beschaffenheit stets nur wenig beeinträchtigt war. Die jetzige Ernte 1847 zeigt Merkmale einer entgegengesetzten Beschaffenheit des Bodens. In einigen Versuchen, in welchen die Mineralbestandtheile nicht wiedererstattet wurden, brachten die Ammoniaksalze ihre gewohnte Wirkung nicht hervor und

Mineraldünger wird jetzt anzuwenden sein, um den natürlichen Ertrag zu steigern."

Es wäre sicherlich sehr interessant gewesen, wenn die mit Ammoniaksalzen angestellten mißlungenen Versuche ebenso ausführlich in der Quantität der Erträge von Herrn Lawes beschrieben worden wären, als die nach seinen Ansichten mißlungenen Versuche mit dem Mineraldünger; denn das Verhältniß war das nämliche, nur umgekehrt. Der Mineraldünger wirkte nicht die Erträge erhöhend, so lange seine Felder einen Ueberschuß an Bodenbestandtheilen enthielten; das Ammoniak brachte seine gewohnte Wirkung nicht hervor, als die Ammoniaksalze im Ueberschuß darin vorhanden waren.

Ferner Vol. XII, p. 25: „Daß in den Mineralbestandtheilen auf verschiedenen unserer Versuchsfelder ein Mangel eintrat, darüber haben wir in unseren gesammelten Resultaten, sowohl was die Rüben, Bohnen und den Weizen betrifft, genügende Gewißheit."

Die schönste Rechtfertigung der Mineraltheorie ist aber Folgendes, Vol. XII, p. 26 und 27: „Wir verwahren uns aber, zu behaupten, daß wenn eine wohlfeile Quelle von Ammoniak entdeckt werden würde, wir ungestraft unsere Felder durch Kornbau mit dessen Hülfe erschöpfen dürften; ganz im Gegentheil, wir geben vollständig zu (fully admit), daß durch ein solches Verfahren die Mineralbestandtheile bald mangeln würden."

Ferner Vol. XII, p. 26: „Aus dem Obigen (der Zusammenstellung in Zahlen der mit Ammoniaksalzen allein und mit Mineraldünger und Ammoniaksalzen zusammen erzielten Erträge in den Jahren 1845 bis 1850) ergiebt sich, daß, obwohl das Stück Nr. 10 a in jedem Jahre mit Ammoniaksalzen allein einen beträchtlichen Mehrertrag über den des ungedüngten Feldes gab, so waren dennoch die dem Boden einverleibten Ammoniaksalze unzweifelhaft im Ueberschuß im Vergleich mit den im Boden vorhandenen verwendbaren Mineralbestandtheilen; denn in allen Fällen, in welchen Mineralsubstanzen ebenso reichlich gegeben wurden, hatten wir an Korn und Stroh, oder an beiden, stets einen bedeutend größeren Mehrertrag."

Es ist nach diesen Thatsachen wohl überflüssig, über die Wirkung der mineralischen Nahrungsmittel und insbesondere über die Art und Weise der Wirkung des Ammoniaks ein Wort mehr zu sagen.

Die Mineralsubstanzen wirken (wie aus den Erträgen des ungedüngten Feldes hervorgeht) ohne alle Zufuhr von Ammoniak.

Das Ammoniak wirkt auf die Erträge steigernd, nur wenn die Mineralsubstanzen in gehöriger Menge und geeigneter Beschaffenheit im Boden vorhanden sind.

Das Ammoniak ist wirkungslos, wenn die Mineralbestandtheile fehlen. Die Wirkung des Ammoniaks beschränkt sich demnach auf eine Beschleunigung der Wirkung der Mineralsubstanzen in einer gegebenen Zeit, und unter gleichen Verhältnissen stehen die Erträge der Felder im geraden Verhältnisse zu der Menge der im Boden vorhandenen mineralischen Nahrungsmittel oder, in der gewöhnlichen Sprache der Landwirthe ausgedrückt, zu dem Bodenreichthum.

Wenn man die Abhandlungen des Herrn Lawes mit Aufmerksamkeit liest, so wird Jedermann die merkwürdige Ungleichheit des Styls sehr auffallend finden; auf einen Satz, welcher deutlich zeigt, daß der Autor von einer Theorie gar nichts weiß, folgt ein anderer, aus welchem ganz unzweifelhaft eine Bekanntschaft mit wissenschaftlichen Principien erschlossen werden muß; es ist wie wenn zwei Personen die Abhandlungen geschrieben hätten, ein Landwirth und ein Chemiker, von denen der eine den anderen nicht verstand. Zu der Stylprobe S. 43 füge ich die folgende Stelle Vol. XII, p. 14; beide mögen darthun, welche Begriffe der Verfasser von Agriculturchemie hat*).

„Mit anderen Worten, der Zusatz von Ammoniaksalzen zu Liebig's Mineraldünger hat den Ertrag nahe um 9 Bushels Korn pr. Acre über den des mit dem Mineraldünger allein gedüngten Stücks vergrößert (um 11 Bushels Korn über das ungedüngte Stück), während der Mehrertrag über das ungedüngte Stück bei Anwendung von 14 Tonnen Stalldünger nur $9^1/_4$ Bushels betrug."

„Wenn dann die mechanische Form und chemische Beschaffenheit des sogenannten Mineraldüngers gefehlt hat, so hat zum wenigsten der Zusatz des schwefelsauren Am-

*) Die Stelle bezieht sich auf eine Aeußerung in meinen chemischen Briefen, 3. Aufl. S. 595, wo ich sagte:

„Die Aufgabe der Landwirthschaft heutzutage ist nicht mehr Beweise für diese Wahrheit (daß Pflanzen von dem Boden aus, zu ihrer Entwickelung gewisse Bestandtheile bedürfen) zu suchen, welche keines ferneren Beweises bedürfen, und die kein Naturforscher bezweifelt, sondern es handelt sich darum, den Stallmist, dieses Universal-Nahrungsmittel durch seine Bestandtheile mit seiner ganzen Wirksamkeit zu ersetzen, und dieß kann erst geschehen, wenn wir gelernt haben werden, was wir nur unvollkommen wissen, den einzelnen Bestandtheilen vereinigt, die zur Aufnahme und Ernährung erforderliche mechanische und chemische Beschaffenheit zu geben, denn dieß ist die nothwendige Vorbedingung zu ihrer Wirksamkeit; ohne die geeignete Form werden sie den Stallmist nicht vollständig ersetzen. Alle Arbeiten müssen diesem wichtigen Ziele zugewendet sein."

moniaks diesen Mangel vollständig ersetzt, und wenn auch ein Mineraldünger, gegründet auf die Kenntniß der Aschenbestandtheile einer Pflanze, ein großes Erforderniß sein mag, so dürfte der Landwirth einstweilen befriedigt bleiben, daß er in dem Ammoniak, was er im peruanischen Guano giebt, in Ammoniaksalzen und aus anderen Quellen ein so gutes Ersatzmittel hat*)."

Jedermann könnte hiernach glauben, daß es die Meinung des Herrn Lawes sei, es mache das Ammoniak die Anwendung des auf die Bekanntschaft mit den Aschenbestandtheilen gegründeten Mineraldüngers entbehrlich, und es könnten die letzteren durch das Ammoniak ersetzt werden; aber Seite 39 (Vol. XII.) sagt er: „Wenn die Theorie Liebig's einfach meint, daß die wachsende Pflanze in ihrem Bereich eine hinlängliche Menge mineralische Bestandtheile haben muß, die sie zu ihrer Entwickelung bedarf, so sind wir ganz und gar überzeugt von einer so augenscheinlichen Wahrheit (we fully and entirely assent to so evident a truism)."

Die beiden Sätze sind ganz unverträglich mit einander; denn wenn Herr Lawes zugiebt, daß die Mineralbestandtheile unentbehrlich für die Pflanzen sind, wie kann er behaupten, daß die Aschenbestandtheile ersetzbar sind durch Ammoniaksalze, d. h. daß sie dadurch entbehrlich gemacht werden können.

Eine wichtige Thatsache scheint mir durch die Versuche mit den Ammoniaksalzen mit ziemlicher Gewißheit festgestellt zu sein, und dieß ist bei Anwendung des schwefelsauren Ammoniaks die Entbehrlichkeit einer in Verwesung begriffenen kohlenstoffreichen Substanz**).

*) That he has in ammonia, supplied to him by Peruvian Guano, by ammoniacal salts, and by other sources so good a substitute.

**) In manchen Versuchen hat Herr Lawes, um die Wirksamkeit einer

Wenn man nämlich die Erträge der mit Ammoniaksalzen und Stalldünger gedüngten Stücke mit einander vergleicht, so ergiebt sich, daß

1 Acre liefert		Korn.	Stroh.
gedüngt mit 14 Tonnen Stalldünger		1826 Pfd.	2454 Pfd.
mit Liebig's Mineraldünger und 2 Ctr. Ammoniaksalz		1967 „	2571 „
mit verschiedenen Mischungen Mineraldüng. u. Amm.-Salz, siebenjähriger Durchsch.	Stück 2	1978 „	3361 „
ditto	St. 18a	1922 „	3247 „
ditto	St. 18b	1833 „	3189 „

In diesen Versuchen wurden drei Stücke, ein jedes sieben Jahre lang mit Ausschluß aller organischen Substanzen mit Mineraldünger gedüngt (Bodenbestandtheile und Ammoniaksalze) und lieferten jedes Jahr einen höheren Ertrag an Korn und Stroh als ein gleiches Stück Feld, sieben Jahr

---

an Kohlenstoff reichen Materie gleichzeitig kennen zu lernen, seinen Mischungen Rapskuchen zugesetzt (calculated to supply a certain quantity of carbonaceous substance in which both corn and straw so much abound). Er hätte für diesen Zweck keine unpassendere Substanz wählen können; denn Rapskuchen gehören zu den stickstoffreichsten Düngmitteln und wirken durch ihren Aschengehalt gleich günstig auf die Samenproduction. Der Rapskuchen enthält, nach L. Way, 5½ Procent Stickstoff und 8 Procent Asche. Der Stickstoffgehalt macht soviel aus, daß 100 Theile Rapskuchen etwa 62 Procent gutem Guano entsprechen. Die Wirkung des Rapskuchens bezeichnet Herr Lawes durchgängig als die des kohlenstoffreichen Düngmittels! Es ist kaum zu entschuldigen, daß Dr. Gilbert, welcher als Chemiker Herrn Lawes seine Hülfe lieh, ihn vor solchen unverzeihlichen Mißgriffen nicht schützte.

lang, jährlich gedüngt mit 14 Tonnen = 308 Ctnr. Stalldünger (boxmanure).

Es geht hieraus hervor, daß der Stalldünger in seiner vollen Wirkung durch Mineraldünger ersetzt werden kann; aber nicht nur ersetzt, es kann durch Mineralsubstanzen allein (schwefelsaures Ammoniak und Salmiak sind Mineralsubstanzen) der Stalldünger in seiner ganzen Wirkung übertroffen werden.

Diese Thatsachen erscheinen mir deshalb so überaus wichtig, weil durch sie, im Einklang mit den Resultaten der chemischen Forschung, die früheren Ansichten über die Wirkung des Stalldüngers und der thierischen Excremente im Allgemeinen alle und jede Stütze verloren haben. Wir kennen jetzt das Etwas, was im Dünger wirkt und was den früheren landwirthschaftlichen Schriftstellern so unbegreiflich war, und es hat die Vorstellung, daß durch Einverleibung von wärmender erhitzender organischer Substanz im Boden, wie man an einem rauchenden Düngerhaufen sieht, der Stalldünger ein wärmeres Bodenklima herstelle, ihre Bedeutung, wenn sie je eine gehabt hat, gänzlich verloren.

Hieraus folgt, daß die organische Substanz, so nützlich sie auch ist, entbehrt, daß sie ersetzt werden kann durch die Kunst. Ich betrachte diese Erfahrungen vorläufig nur als einen Erwerb und Gewinn für die Feststellung eines wissenschaftlichen Grundsatzes und ich gebe gern zu, daß die Anwendung der Ammoniaksalze für den praktischen Landwirth, in Beziehung auf deren Vortheilhaftigkeit, nur von geringer Bedeutung ist.

Ich habe bereits früher die Wirkung der organischen Bestandtheile des Stalldüngers auf ihren eigentlichen Nutzen zurückzuführen und zu zeigen versucht, daß durch sie, in Folge ihrer Verwesung, Kohlensäure entsteht, welche im Regenwasser gelöst, die unentbehrliche Bedingung für den Uebergang der phosphorsauren Erdsalze in den Organismus der Pflanze ist.

Da nun das schwefelsaure Ammoniak und der Salmiak in gleicher Weise wie die Kohlensäure, das Lösungsvermögen des Wassers für diese wichtigen Nahrungsmittel zu erhöhen vermögen, so bietet sich von selbst die Frage dar, ob ihre günstige Wirkung nicht zum großen Theil auf dieser Eigenschaft beruht? ob also in Lawes' Versuchen die ganze Wirkung der Ammoniaksalze nicht in zwei Wirkungen besteht, wovon die eine dem Ammoniak als Ernährungsmittel, die andere den Ammoniaksalzen oder ihrer Säure als Vertretern der Kohlensäure zugeschrieben werden muß; die Entscheidung dieser Frage dürfte geeignet sein, die Behauptung des Herrn Lawes (Vol. XII, p. 24): „Man würde der Wahrheit näher sein, zu sagen, daß die Ernten gestiegen und gefallen sind im Verhältniß der Steigerung oder Verminderung der Ammoniakzufuhr, welche dem Boden im Dünger gegeben würde,“ auf ihren wahren Werth zurückzuführen.

Wenn man untersucht, in welchem Verhältniß die Ernten gestiegen sind, über den Ertrag des ungedüngten Feldes in Lawes' Versuchen, mittelst Anwendung von Ammoniaksalzen, so ergiebt sich Folgendes:

Nach vorhergegangener Düngung mit 560 Pfund saurem phosphorsauren Kalk und 220 Pfund kieselsaurem Kali lieferte das Feld Nr. 10 a pr. Acre (= 0_{405} Hectare) gedüngt mit Ammoniaksalzen in sechs Jahren von 1845 bis 1850 (s. Vol. XII, p. 16):

A. 1845 — 1850.

	Ertrag pr. Acre an Korn	und Stroh.
Stück Nr. 10a gedüngt mit 1960 Pfd. Ammoniaksalzen	10728 Pfd.	17703 Pfd.
Das ungedüngte Stück ertrug in derselben Zeit	6950 „	11172 „
Mehrertrag durch 1960 Pfd. Ammoniaksalze	3778 „	6939 „
1 Pfd. Ammoniaksalz brachte hiernach einen Mehrertrag hervor von .	1,818 „	3,34 „

Während also 1 Acre Feld, ohne irgend Ammoniak empfangen zu haben, 6950 Pfund Korn und 11172 Pfund Stroh geliefert hat, erhöhte jedes einzelne Pfund Ammoniaksalz den ganzen Ertrag um nahe an 2 Pfund Korn und an 3⅓ Pfund Stroh.

Herr Lawes erhielt ferner (Vol. XII, p. 10) durch Düngung mit Ammoniaksalzen:

B. 1845.

	Ertrag pr. Acre an Korn	und Stroh.
Stück Nr. 9 und Nr. 10 gedüngt mit 672 Pfd. Ammoniaksalzen .	4111 Pfd.	8324 Pfd.
Stück Nr. 3 und Nr. 5 a ungedüngt	2872 „	5380 „
Mithin Mehrertrag mittelst 672 Pfd. Ammoniaksalz	1239 „	3044 „
1 Pfd. Ammoniaksalz lieferte Mehrertrag	1,84 „	4½ „

ferner:

C. 1846.

Stück Nr. 10 a gedüngt mit 224 Pfd. Ammoniaksalzen	1850 Pfd.	2244 Pfd.
Stück Nr. 10 b ohne alle Düngung	1216 „	1455 „

	Ertrag pr. Acre an Korn	und Stroh.
Mehrertrag mittelst 224 Pfd. Ammoniaksalz	634 Pfd.	789 Pfr.
1 Pfd. Ammoniaksalz lieferte Mehrertrag	2,82 „	3½ „
D. 1846.		
Liebig's Weizendünger 448 Pfd. / Ammoniaksalz 224 „ .	1967 Pfd.	2571 Pfd.
Stück Nr. 3 ohne alle Düngung . .	1207 „	1513 „
D. Mehrertrag mittelst 224 Pfd. Ammoniaksalz für 1 Pfd. .	3,43 „	4,7 „
C. Mehrertrag mittelst 224 Pfd. Ammoniaksalz für 1 Pfd. .	2,82 „	3,5 „
B. Mehrertrag mittelst 336 Pfd. Ammoniaksalz für 1 Pfd. .	1,84 „	4,5 „
A. Mehrertrag mittelst 326 Pfd. (Mittel) Ammoniaksalz für 1 Pfd.	1,81 „	3,34 „

Aus diesen Zahlen sieht man deutlich, wie grundlos die obige Behauptung des Herrn Lawes ist; denn anstatt für *ein* Pfund Ammoniaksalz den gleichen Mehrertrag zu erhalten, den er, wäre seine Ansicht richtig, hätte erhalten müssen, erntete er auf denjenigen Feldern, welche 224 Pfund Ammoniaksalz empfangen hatten, *anderthalb* bis *doppelt* soviel Korn und Stroh für 1 Pfund Ammoniaksalz als auf den anderen Feldern, die mit der *Hälfte mehr* Ammoniaksalz gedüngt worden waren.

Es ist hiernach, wie ich glaube, durch Herrn Lawes' eigene Versuche bewiesen, daß der Mehrertrag eines Feldes nicht im Verhältniß steht zu der Menge *Ammoniaksalz*, die im Dünger gegeben wurde, und wir wollen jetzt untersuchen, in welchem Verhältniß er stand zu der Menge des zugeführten und verwendeten *Ammoniaks*.

Das Feld Nr. 10 a hatte sechs Jahre hinter einander durch Düngung mit 1960 Pfund Ammoniaksalz einen Mehrertrag von 3778 Pfund Korn und 6939 Pfund Stroh geliefert.

Wenn man nun den mittleren Stickstoffgehalt der Weizenkörner zu 2 Proc. und den des Strohes zu $0,_4$ Proc. nach den vorhandenen Analysen beider annimmt, so ergiebt sich, daß beide Producte (des Mehrertrags) zusammen etwa 100 Pfund Stickstoff enthalten.

Die nämliche Quantität Stickstoff ist in 430 Pfund der beiden angewendeten Ammoniaksalze enthalten, in der Voraussetzung, daß sie chemisch rein gewesen sind, worauf es aber vorläufig nicht ankommt.

Wenn hiernach das Ammoniak in den Ammoniaksalzen als Nahrungsmittel gedient und den Stickstoffgehalt des Mehrertrags geliefert hätte, so würden von den 1960 Pfund Ammoniaksalzen in den sechs Culturjahren 430 Pfund oder in jedem Jahre etwa 72 Pfund in die Pflanzen übergegangen sein; der ganze Rest von 1500 Pfund Ammoniaksalzen ist als Ueberschuß in dem Felde verblieben. Da nun die ganze Quantität der Ammoniaksalze nicht in einem Jahre, sondern nach einander in sechs Jahren dem Felde gegeben wurde, so war in jedem folgenden Jahre der Boden reicher daran als im vorhergehenden; es blieb vom Jahre vorher ein Rest, der die jährlich zugesetzte Menge vergrößerte.

Zieht man nun von der Summe der jährlich dem Boden gegebenen Pfunde Ammoniaksalz die Menge dieser Salze ab, welche Antheil an der Vegetation genommen haben kann und von der vorausgesetzt wird, daß sie in dem geernteten Mehrertrag dem Felde entzogen wurde, so hat man:

Das Feld empfing		Ammoniaksalz	In die Pflanzen gingen über Ammoniaksalz.	
im Jahre 1845		336 Pfd.	72 Pfd.	Rest 254 Pfd.
im Jahre 1846	224 Pfd.	478 „	72 „	„ 406 „
Rest von 1845	254 „			
im Jahre 1847	300 „	706 „	72 „	„ 634 „
Rest von 1846	406 „			
im Jahre 1848	300 „	934 „	72 „	„ 862 „
Rest von 1847	634 „			
im Jahre 1849	400 „	1262 „	72 „	„ 1192 „
Rest von 1848	862 „			
im Jahre 1850	400 „	1592 „	72 „	„ 1520 „
Rest von 1849	1193 „			

Das Stück lieferte einen Mehrertrag über das angedüngte Feld:

	Ammoniaksalz.	Korn.	Stroh.
im Jahre 1845	336 Pfd. . .	539 Pfd.	1554 Pfd.
„ „ 1846	478 „ . . .	643 „	731 „
„ „ 1847	706 „ . . .	579 „	989 „
„ „ 1848	934 „ . . .	382 „	655 „
„ „ 1849	1262 „ . . .	914 „	1240 „
„ „ 1850	1592 „ . . .	721 „	1370 „

Somit erhöhten im Jahre:

	Ammoniaksalz.		Korn.		Stroh.
1845	100 Pfd.	den Ertrag pr. Acker um	160 Pfd.	und	460 Pfd.
1846	100 „	„ „ „ „ „	134 „	„	153 „
1847	100 „	„ „ „ „ „	82 „	„	140 „
1848	100 „	„ „ „ „ „	40 „	„	70 „
1849	100 „	„ „ „ „ „	73 „	„	98 „
1850	100 „	„ „ „ „ „	45 „	„	86 „

Ich gebe gern und im Voraus alle Einwürfe zu, welche man dieser Rechnung machen kann, ich gebe zu, daß die Ammoniaksalze 10 — 15 Proc. Unreinigkeiten enthielten, also nicht chemisch rein waren, ich gebe bereitwilligst zu, daß die Zahlen, welche den Zuwachs an Ammoniaksalzen auf demselben Felde in den auf einander folgenden Jahren ausdrücken, nicht genau sind, indem durch den Regen eine gewisse Quantität davon in eine solche Tiefe geführt worden sein mag, daß dieser Theil für die Pflanze wirkungslos blieb; aber es steht unzweifelhaft fest, daß der Gehalt des Feldes an Ammoniaksalzen, welches auch seine Menge gewesen sein mag, in jedem Jahre zunahm, weil die Ammoniaksalze nicht flüchtig sind und der Ueberschuß im Boden bleiben mußte, und, dieß als eine unbestreitbare Thatsache angenommen, stellen diese Zahlen fest, daß, wie die früheren Versuche bereits ergeben haben, der Ertrag mit der Zunahme an Stickstoff im Boden nicht im Verhältniß stieg, sondern daß (wenn das Jahr 1848 ausgeschieden wird) auf dieselbe Menge Stickstoff der Ertrag fortwährend abnahm. Die Erträge, auf 100 Pfund Ammoniaksalz berechnet, bleiben, alle Fehler eingeschlossen, relativ richtig; sie drücken aus nicht die absoluten, aber die relativen Erträge an Korn und Stroh für eine gleiche Menge Ammoniaksalz, d. h. Stickstoff. Da nun das Feld schon im zweiten Jahre zweimal, im dritten dreimal, im vierten über viermal, im fünften über sechsmal, im sechsten über siebenmal so viel Stickstoff in den zugeführten Ammoniaksalzen empfangen hatte, als die ganze Ernte an Korn und Stroh (Ertrag des ungedüngten Stückes plus Mehrertrag) an Ammoniak zur Erzeugung aller darin enthaltenen stickstoffhaltigen Producte bedurfte, so ergiebt sich augenscheinlich, daß die Ernten in gar keinem Verhältniß zu der

Steigerung der Stickstoffzufuhr standen, welche der Boden empfangen hatte*).

Wenn man im Auge behält, daß es die Aufgabe der Naturforschung ist, den Grund der Wirkung der Ammoniaksalze aufzusuchen, so darf man dabei nicht vergessen, daß die Erhöhung der Erträge an sich, durch die Anwendung derselben, als eine feststehende Thatsache zu betrachten ist, welche in keiner Weise durch eine Ansicht über ihre Ursache geändert werden kann.

Bei der Erklärung der Wirkung der Ammoniaksalze kommen, wie bereits bemerkt, zwei Eigenschaften in Betracht, die eine beruht in dem Ammoniak als Nahrungsmittel, die andere in dem schwefelsauren Salz als Lösungsmittel für gewisse Bodenbestandtheile.

Wenn das Ammoniak als Nahrungsmittel die günstige Wirkung ausgeübt hätte, so wie Herr Lawes angenommen hat, so bleibt es ganz unerklärlich, warum ein so

*) Es ist in der neuesten Zeit von Herrn Ph. Pusey die Ansicht aufgestellt worden, daß die Salpetersäure (welche, wie ich vor 26 Jahren gezeigt habe, einen Bestandtheil des Regenwassers, namentlich des Gewitterregens ausmacht) eine zweite Hauptquelle des Stickstoffs sei. In Beziehung auf die Frage, ob diese Säure Antheil an dem Pflanzenleben nehme, habe ich mich in meinem Buche S. 303 ausgesprochen: „Ganz dasselbe muß für die salpetersauren Salze gelten. Wir haben darin Stickstoff in einer anderen Form wie im Ammoniak, die Salpetersäure oder salpetrige Säure ist die dem Ammoniak gerade entgegengesetzte Verbindung; wir sehen „daß in dem Organismus der Pflanzen, die Kohlensäure und das Wasser, deren Bestandtheile mit einer weit größeren Kraft zusammengehalten sind, eine Zerlegung erfahren.“ Wir betrachten die Schwefelsäure als eine Quelle für den Schwefel. Warum sollte die Salpetersäure nicht durch die nämlichen Ursachen eine ähnliche Zerlegung erfahren, warum sollte ihr Stickstoff nicht ähnlich wie der Kohlenstoff oder Schwefel zu einem Bestandtheile eines Pflanzentheils werden können?“

ungeheurer Ueberschuß nöthig gewesen ist, um den im Verhältniß so geringen Mehrertrag über das nicht gedüngte Feld zu erhalten. Denn von dem letzteren erntete man ja in derselben Zeit, ohne daß dasselbe nur eine Spur Ammoniaksalz empfing, an Korn und Stroh gerade doppelt so viel, als wie der Mehrertrag betrug. Man sollte denken, daß der vierte, vielleicht dritte Theil von der gegebenen Menge hätte genügen müssen, um eine gleiche Steigerung im Ertrage hervorzubringen.

Wirkte hingegen ein kleiner Theil des Ammoniaks als Ernährungsmittel, und der bei weitem größte Theil des Salzes als Lösungsmittel für die phosphorsauren Erdsalze und Silikate, so erklärt sich ihre Wirkung auf eine befriedigendere Weise; denn in diesem Falle steht dieselbe im Verhältniß zu der in die Pflanze übergegangenen und verdunsteten Wassermenge, dessen Lösungsvermögen für diese Stoffe dadurch vermehrt wurde. Die Wirkung der phosphorsauren Erdsalze, der löslichen Silikate, ist abhängig von ihrer Menge, ihre Wirkung in einer gewissen Zeit steht im Verhältniß zur Menge, welche in die Pflanze übergeht in dieser Zeit, die letztere steht im Verhältniß zu ihrer Löslichkeit im Regenwasser und zu dem Volum Regenwasser, welches in die Pflanze aufgenommen worden ist.

Beide Eigenschaften, die des Ammoniaks als Nahrungsmittel und die der Ammoniaksalze als Lösungsmittel, haben sicherlich zusammengewirkt, um den höheren Ertrag zu geben; denn da der Mehrertrag an Stroh und Korn des mit Ammoniaksalzen gedüngten Stückes (28431 Pfund Korn und Stroh) sich zu dem des ungedüngten Stückes (18122 Pfund Korn und Stroh) verhält wie 2: 3, oder die Hälfte des Ertrags des angedüngten Stückes ausmacht, und darin eben so viel kieselsaures Alkali und phosphorsaure Salze enthalten sein müssen, wie in der halben Ernte von dem ungedüngten Stücke, und da ferner das Ammoniak diese nothwendigen Bestandtheile der Weizenpflanze nicht vertritt und nicht ersetzen kann, so ist es evident, daß durch die Vermittelung der Ammoniaksalze diese ganze Quantität an Bodenbestandtheilen löslich und verwendbar für die Pflanze geworden ist; sie haben bewirkt, daß das Regenwasser in demselben Volum, die Hälfte mehr in derselben Zeit, aufgelöst und in die Pflanze übergeführt hat, als ohne dieselben das ungedüngte Stück an sie abgab.

Ich halte es für wahrscheinlich, daß die Ammoniaksalze in dieser letzteren Eigenschaft ersetzt werden können, daß also die Chemie die Mittel auffinden wird, die für die Weizenpflanze unentbehrlichen Silikate und phosphorsauren Erden löslicher zu machen, und daß alsdann das Hinderniß des hohen Preises hinweggeräumt sein wird, welches die Anwendung der Ammoniaksalze so sehr beschränkt. Das ganze Streben der Agriculturchemie muß der Beseitigung dieser Hindernisse zugewendet werden.

Nach Allem, was wir durch die Cultur anderer Gewächse erfahren haben, ist die Atmosphäre reich genug an Ammoniak, um mehr als der doppelten Menge Korn und Stroh, die auf dem ungedüngten Stück des Herrn Lawes geerntet wurden, den nothwendigen Stickstoff zu liefern. Wir wissen, daß eine Ernte Rüben, auf einem Boden gewachsen, der kein Ammoniak, sondern bloß sauren phosphorsauren Kalk empfangen hatte, zwei- bis dreimal mehr Stickstoff in seinen stickstoffhaltigen Bestandtheilen liefert, als eine volle Ernte Weizen im Korn und Stroh enthält; daß ein mit Klee, Topinambur oder Erbsen bestelltes Feld, welches nicht mit stickstoffhaltigen

Stoffen gedüngt wurde, aus der Atmosphäre in den Producten derselben eine größere Menge Stickstoff verdichtet, als man von einem auf's reichlichste mit Ammoniaksalzen gedüngten Weizenfeld in seinen Producten erntet.

Wenn wir diese die Fruchtbarkeit des Bodens oder die Wirksamkeit der Bodenbestandtheile steigernden Mittel besitzen, so wird die Frage zur Erledigung kommen können, ob das Ammoniak als Bestandtheil des Düngers nicht vielleicht ganz entbehrlich ist, oder ob diejenige Menge, welche auf jedem Gute gesammelt werden kann, nicht ganz vollkommen für alle Zwecke der Cultur ausreicht.

Es ist sehr zu beklagen, daß Herr Lawes nicht eine Reihe von Versuchen in dieser Richtung unternahm. Wenn er das Stück Nr. 10 a im ersten Jahre mit 336 Pfund Ammoniaksalzen gedüngt und dann in den fünf darauf folgenden Jahre dem Boden nur 72 Pfund von diesen Salzen als Ersatz der von den Pflanzen verbrauchten Menge hinzugefügt hätte, so würden sich zwei Fälle herausgestellt haben; entweder das Stück hätte denselben Mehrertrag wie von 1960 Pfund Ammoniaksalzen ergeben, oder er wäre geringer ausgefallen; in dem einen Falle würde sich mit etwas mehr Gewißheit haben schließen lassen, daß die gesteigerte Fruchtbarkeit bedingt gewesen sei durch das Ammoniak als Nahrungsmittel; in dem anderen wäre bewiesen gewesen, daß der Grund der Wirksamkeit des großen Ueberschusses an diesen Salzen, in der Erhöhung der Löslichkeit der Bodenbestandtheile gesucht werden müsse. Dieß ist wenigstens der Weg in der Naturforschung, um Antwort auf bestimmte Fragen zu bekommen.

Die Erledigung dieser für die praktische und theoretische Landwirthschaft so überaus wichtigen Fragen knüpft sich an die Reihe von Versuchen, die ich in Beziehung auf die Wirksamkeit der Mineralbestandtheile in ihren verschiedenen Zuständen der Löslichkeit vorgeschlagen habe. Man könnte beide Versuchsreihen mit einander verbinden und einen Versuch mit Mineraldünger allein, und einen zweiten mit Mineraldünger, dem eine berechnete Menge Ammoniaksalz, in Wasser aufgelöst, zugesetzt ist, machen, so viel Ammoniaksalz etwa, als hinreichend ist, um einer drittel oder halben Ernte Korn und Stroh den nothwendigen Stickstoff darzubieten. Die Resultate würden über die Nützlichkeit der Ammoniakdüngung für gewisse Pflanzen entscheidend sein.

Aus der Vergleichung der geernteten Producte des ungedüngten Stückes Nr. 3 mit dem Mehrertrag des mit Ammoniaksalzen gedüngten Nr. 10 a, ergiebt sich, daß die Wirkung der Bodenbestandtheile für sich allein (ohne Ammoniak) die doppelte war von der Wirkung von 1960 Pfund, d. h. eines ganz enormen Ueberschusses von Ammoniaksalzen. Diese Zahlen sprechen deutlicher vielleicht, als was ich mir so viele Mühe in meinem Buche gegeben habe auseinanderzusetzen, daß es in der praktischen Landwirthschaft zur Erzielung höherer Erträge und einer höheren Rente weit mehr auf die Beseitigung der Widerstände der Herstellung einer geeigneten physikalischen Beschaffenheit, auf die Menge und den Zustand der Löslichkeit der Bodenbestandtheile ankommt, als auf das Ammoniak; daß es bei armen Feldern weit wichtiger ist, Sorge zu tragen für den richtigen Ersatz und die Bereicherung des Feldes an den unentbehrlichen mineralischen Nahrungsstoffen, als auf die Zufuhr von Ammoniaksalzen allein. Welche Wirkung in dieser Hinsicht das Entwässerungssystem (Drainage-System) gehabt hat, weiß Jedermann; bei manchen Landwirthen stiegen dadurch die Erträge um die Hälfte, bis auf das Doppelte.

Die Wirkung der Ammoniaksalze auszumitteln, wie es Herr Lawes gethan hat, und die Anwendung derselben für das Wachsthum des Weizens zu empfehlen, scheint mir mehr ein Spott auf den gegenwärtigen Zustand der Landwirthschaft zu sein; denn alle Ammoniaksalze, welche in ganz Europa fabricirt werden, reichen nicht hin, um die Felder des Königreichs Sachsen in den von Herrn Lawes angewendeten Quantitäten damit zu versehen. Daß die stickstoffhaltigen Dünger für eine große Anzahl Pflanzengattungen wirksam sind, weiß man seit Jahrhunderten; daß die wirksamen Mineralsubstanzen bei Zusatz von Ammoniak wirksamer werden, als sie es ohne dieses Nahrungsmittel sind, dieß sind, wie aus den Citaten aus meinem Buche hervorgeht, einfache Folgerungen aus der Theorie, zu deren Prüfung es keiner Versuche bedurfte. Aber den Boden durch die Kunst so zubereiten, daß er befähigt wird, in seinen darauf wachsenden Producten ein Maximum von Stickstoff aus der Atmosphäre und der von der Natur den Pflanzen angewiesenen Quelle zu schöpfen, dieß ist eine Aufgabe, würdig der wissenschaftlichen Landwirthschaft.

Die Resultate des Herrn Lawes haben für seinen nächsten Nachbar, ja für ihn selbst keinen Werth; denn das Recept, zu dem er kommt, paßt nur auf seine Aecker, und auf diese nur eine ganz beschränkte Anzahl Jahre. Ein neuer Grundsatz, der einen bestehenden berichtigt, eine verbesserte Culturmethode, ist aus seinen Versuchen nicht hervorgegangen, und wenn er die Hülfe des Herrn Dr. Gilbert in Beziehung auf chemische Analysen dabei in Anspruch genommen hat, so ist diese Art Agriculturchemie nichts weiter als ein Putz, mit welchem man Leichen schmückt. Man wird mir gestatten, zu behaupten, daß ich den Werth einer Analyse kenne, es wird meiner Meinung nach noch eine lange Zeit vorübergehen, ehe man sie auf die Lösung landwirthschaftlicher Fragen (abgesehen von den Dünger- und Boden-Analysen) anwenden kann. Unendlich wichtigere Aufgaben als diese sollten die Agriculturchemiker beschäftigen; es ist aber freilich weit schwieriger, einen Mann zu finden, der im Nachdenken mehr geübt wie in der Analyse ist.

Das Ammoniak als Dünger für sich, wenn der Boden an Mineralbestandtheilen Mangel hat, ist dem Branntwein gleich, den der Arme genießt, um seine verwendbare Arbeitskraft in einer gegebenen Zeit zu steigern, und seine Wirkung hat wie dieser eine entsprechende Erschöpfung zur Folge. Es ist vergeblich, wenn der Landwirth auf eine noch unentdeckte Quelle von Ammoniak hofft, und auch wenn sie entdeckt wäre und auf's reichlichste flösse, so würde der Landwirth, der seinen Kindern fruchtbare Felder hinterlassen will, immer wieder auf das unwandelbare Naturgesetz zurückkommen müssen, daß dem Felde an Bodenbestandtheilen wieder erstattet werden muß, was er demselben in der Ernte genommen hat. Keine Entdeckung, kein Fortschritt wird jemals im Stande sein, die Tragweite dieses Gesetzes zu kürzen.

Um nicht neue Zweifel zu wecken und ein Mißverständniß fortzusetzen, was ich, wiewohl vergeblich, in meinem Buche glaubte unmöglich gemacht zu haben, wiederhole ich, was ich S. 277 sagte: „Um jedes Mißverständniß zu vermeiden, muß wiederholt darauf aufmerksam gemacht werden, daß die vorangegangene Auseinandersetzung in keiner Weise mit der Wirkung des künstlich zugeführten Ammoniaks oder der Ammoniaksalze im Widerspruch steht. Das Ammoniak ist und bleibt immer die Quelle alles

Stickstoffs für die Pflanzen, seine Zufuhr ist nie nachtheilig, immer nützlich, für gewisse Zwecke durchaus unentbehrlich." — Ich wiederhole also nochmals, daß ich das Ammoniak und die Ammoniaksalze für außerordentlich nützlich, ja heute noch für ganz unentbehrlich halte, um die Erträge unserer Felder über eine gewisse Grenze hinaus ohne Anwendung von Stalldünger zu steigern. Dieß ist eine ganz bestimmte und anerkannte Thatsache, welche jeder Landwirth durch gute Einrichtungen seiner Düngstätten zu verwerthen weiß und mit Vortheil benutzt. Worauf ich aufmerksam mache und die Versuche der wissenschaftlichen Landwirthe hinlenken möchte, dieß ist die Vorstellung, welche die Analyse der Wirkung der Ammoniaksalze in Herrn Lawes' Versuchen befestigt hat, daß durch gewisse Verbesserungen in der Behandlung der Felder und des Düngers das Ammoniak nicht als Nahrungsmittel, sondern als Beförderungsmittel der Wirksamkeit gewisser Bodenbestandtheile entbehrlich ist, oder entbehrlich gemacht werden kann. Ich halte es für einen Irrthum, den Werth eines Düngers nach seinem Stickstoffgehalt zu tariren, und es können deshalb die Poudrette und der Guano mit dem Ammoniak und den Ammoniaksalzen durchaus nicht in gleiche Linie gestellt werden, weil diese eine Menge Nahrungsstoffe neben dem Ammoniak enthalten, welche den Pflanzen eben so wichtig, ja weit wichtiger sind, als es das Ammoniak für sich ist. Bei jedem Düngstoff müssen die Aschenbestandtheile mit in Rechnung genommen werden.

Wenn man nun in Betrachtung zieht, daß das Stück Nr. 3 ungedüngt in sieben Jahren einen Ertrag lieferte von 20165 Pfd. Stroh und Korn;

daß das gedüngte Feld Nr. 10 a in derselben Zeit einen Ertrag gab von 30559 Pfd. Korn und Stroh;

daß die Ernte des ungedüngten Stückes die Summe der Wirkung der Bodenbestandtheile war ohne Ammoniak;

daß die Ernte des gedüngten Stückes die Wirkung der nämlichen Summe von Bodenbestandtheilen war plus 560 Pfd. sauren phosphorsauren Kalk, plus 220 Pfd. lösliches kieselsaures Kali, plus 1960 Pfd. Ammoniaksalze;

so geht hieraus hervor, daß der höhere Ertrag keineswegs die Wirkung des Ammoniaks allein war, wie Herr Lawes verstanden haben will, sondern die genannten wirksamen Bodenbestandtheile haben ihren Theil an der Wirkung gehabt.

Welches sind nun die Umstände, in welchen die Theorie einen solchen gesteigerten Ertrag in Aussicht stellt?

Die Antwort findet sich S. 174 meines Buches:

„Die Cerealien bedürfen der Alkalien, der löslichen kieselsauren Salze. Ist nebenbei eine verwesende Materie vorhanden, welche der Pflanze Kohlensäure liefert, so wird ihre Entwickelung befördert, aber nothwendig ist sie nicht. Geben wir dem Boden Ammoniak und die den Getreidepflanzen unentbehrlichen phosphorsauren Salze, so haben wir alle Bedingungen zu einer reichlichen Ernte erfüllt.“

Unter welchen Umständen hat nun Herr Lawes diese höheren Erträge erzielt? Er gab seinem Boden lösliches kieselsaures Kali, er gab ihm phosphorsauren Kalk und Ammoniaksalze, er kam also nach siebenjährigen Versuchen zu Resultaten, welche in vollkommenstem Einklang stehen mit der Theorie, zu Thatsachen, welche ganz unverwerfliche Beweise für ihre Wahrheit sind. Es ist ganz unmöglich, zu glauben, daß er irgend eine Kenntniß dieser Theorie gehabt, daß er meine Lehre gekannt hat; wie wäre es sonst denkbar, daß er seine Erfolge für unvereinbar mit dieser Lehre hätte erklären, daß er hätte sagen können, „es ginge aus seinen Versuchen im Ganzen hervor, daß stickstoffhaltige Dünger ganz besonders geeignet seien für das Wachsthum der Weizenpflanze!!!" Wie hätte er sonst im Jahre 1847 (Vol. VIII, p. 22), aussprechen können: „Die von Liebig aufgestellte Theorie, daß die Ernten steigen und fallen in geradem Verhältniß zu der Zu- oder Abnahme der Mineralsubstanzen, die denselben im Dünger gegeben werden, ist so ernstlich berechnet, den Landwirth irre zu leiten, daß es höchst wichtig ist, deren Trugschlüsse (fallacies) allgemein bekannt zu machen. Die Verachtung, welche der praktische Landwirth für die Wissenschaft der Agriculturchemie hegt, beruht auf den Irrthümern, welche von den Lehrern derselben begangen worden sind." Wenn Herr Pusey die Theorie gekannt hätte, würde er (in demselben Journal Vol. XI, p. 383), den Muth gehabt haben zu sagen: „Das Axiom Liebig's, die Ernte eines Feldes steigt und fällt in genauem Verhältniß zu der Zufuhr oder Abnahme der Mineralsubstanzen, die dem Boden im Dünger zugeführt werden, hat den Todesstoß durch Herrn Lawes' Versuche erhalten." (Ferner p. 392): „Die Mineraltheorie, zu rasch angenommen durch Liebig, ist zusammengebrochen, keine andere hat ihren Platz eingenommen. Unsere beste Autorität, Herr Lawes, hat so viel gewißlich dargethan, daß von den zwei wirksamen Stoffen im Dünger Ammoniak ganz besonders geeignet ist für Korn, Phosphorus für Rüben, und daß Rüben wahrscheinlich Nutzen ziehen von der holzigen Substanz des Strohes."

Wahrlich um diesen Triumph durch die sogenannten agriculturchemischen Versuche des Herrn Lawes (er nennt sie selbst so) ist die Landwirthschaft nicht zu beneiden, wenn die einzige

Theorie, welche sie hat, durch sie zusammengebrochen ist und keine andere ihre Stelle eingenommen hat; welcher Erwerb, zu wissen, daß von allen wirksamen Stoffen im Dünger Ammoniak ganz besonders geeignet ist für Korn, und Phosphorus für Rüben! Die Wirkung des Ammoniaks auf das Wachsthum des Weizens, die des phosphorsauren Kalks auf Rüben ist längst bekannt. Nur Herrn Lawes' Erklärungen sind neu, und diese sind entschieden unrichtig.

Die Agriculturchemie leistet der Landwirthschaft nicht Hülfe, um Korn und Fleisch zu erzeugen, dieß hat man seit Jahrhunderten gethan, sondern sie steht ihr bei, um mehr Korn, mehr Fleisch, um Korn und Fleisch mit den einfachsten Mitteln und auf dem vortheilhaftesten Wege zu erzeugen; der Chemiker sucht den Weg und die Mittel auf, dieß ist aber auch Alles, was er thun kann, das Uebrige muß der Landwirth auf sich nehmen. Was hat aber die Landwirthschaft gethan, um die Agriculturchemie in dieser Richtung zu unterstützen?

Der frühere Präsident der königlich landwirthschaftlichen Gesellschaft von England, Herr Pusey, giebt im Jahre 1850 darauf Antwort. „Außer Liebig's Vorschlag, Knochen in Schwefelsäure aufzulösen, und Kane's Vorschlag, das Flachsröstewasser als Dünger zu verwenden, kenne ich keinen Fortschritt, welcher aus einer chemischen Entdeckung entsprungen ist." Dieser Ausspruch erklärt Alles. Nicht die Lehre will man, sondern Recepte, das Nachdenken überläßt man den Chemikern. Sehr viele Landwirthe sind Kindern gleich, die, im Dunkeln tappend, über den Wegweiser stolpern, und die nun den Wegweiser schlagen, der sie zum Fallen gebracht hat; aber für Blinde werden einmal die Wegweiser nicht gesetzt. Der Chemiker ist eben nur ein Wegweiser, der sich nicht über seinen Platz hinaus bewegen kann. Der Weg zur Wahrheit ist eine gerade Linie, welche Millionen krumme durchschneiden; es ist vergeblich, zu glauben, daß der rechte durch Tappen im Dunkeln aufgefunden werden könnte.

Die Heilkunde, die Physiologie, die Mineralogie standen vor wenigen Jahrzehenden zur Chemie in einem ähnlichen Verhältniß, wie heutzutage die Landwirthschaft; seitdem die Aerzte und Physiologen, die Mineralogen angefangen haben, sich diejenige Summe von chemischen Kenntnissen zu erwerben, durch welche sie befähigt wurden, sich richtige Fragen zu stellen und selbst die Antwort auf ihre Fragen zu suchen, seit dieser Zeit haben diese Wissenschaften Fortschritte wie seit Jahrhunderten nicht gemacht; der lebendige Organismus, die pathologische Erscheinung, das Mineral ebenso wie das Feld des Landwirths, kurz Alles, was außerhalb des Laboratoriums des Chemikers liegt, ist seinen Forschungen nicht weiter zugänglich.

Es kann nicht geleugnet werden, daß die Landwirthe zu allen Zeiten Fragen sich gestellt und die Antworten darauf gesucht haben, und in der That ist in der Landwirthschaft an Versuchen und Thatsachen kein Mangel; nicht darinnen, sondern in der Fragestellung und in der Experimentir-Methode liegt der Fehler. Die bloße Bekanntschaft mit den Zahlen reicht nicht hin, um eine algebraische Aufgabe zu lösen, der Rechner muß mit den Operationen des Calcüls bekannt sein, er muß die Fähigkeit besitzen, alle Größen, worauf es ankommt, in einer richtigen Gleichung zu verbinden. Die Landwirthe nehmen in dieser Beziehung einen Standpunkt ein, welcher sehr verschieden ist von dem des Chemikers. Mit einer Zuversicht, der Nichts gleich kommt, stellt der Landwirth einen Versuch an, und wenn er das erwartete Resultat nicht erhält, so ist sein Schluß sogleich fertig. Wie unwissend und unpraktisch mag dem Landwirth der Chemiker vorkommen, dessen ganzes Leben aufgeht in Fragen, die er durch Versuche zu beantworten strebt, der sich in der Experimentirkunst übt von Jugend auf und der die Bedingungen des Gelingens soviel näher zur Hand hat und viel leichter zusammenbringt als der Landwirth. Es erfordert schon einen hohen Grad von Geschicklichkeit und Erfahrung, wenn ein Chemiker bei der einfachen Wiederholung der Versuche eines andern, welche genau und ins Kleinste beschrieben sind, beim ersten Anlauf die nämlichen Resultate erhielt; wenn aber ein neues Verfahren darin eingeschlossen ist, in welchem der Wiederholende nicht geübt ist, so ist der Letztere ganz darauf vorbereitet, daß ihm seine ersten Versuche nicht gelingen, oder nicht in gleichem Umfang gelingen; er lernt erst wie er es machen muß, damit die Versuche gelingen. Ich habe in der letzteren Zeit von einer nicht kleinen Anzahl von landwirthschaftlichen Versuchen Kenntniß genommen, welche durch meine Schriften veranlaßt, zu negativen Resultaten geführt haben, und ich glaube, wenn man einen hohen Preis demjenigen zuerkennen wollte, der die Ursache des Mißlingens in sich selbst, in seiner unvollkommenen Kenntniß oder in mangelhaften Bedingungen erkannt hat, man würde vergeblich nach einem solchen Landwirth suchen.

Kein Landwirth in der Welt dürfte es für möglich halten, daß ein auch noch so intelligenter Mann, ohne Bekanntschaft mit der praktischen Landwirthschaft, durch das Lesen der besten landwirthschaftlichen Schriften sich befähigen könnte, die Wahrheit unzweifelhafter landwirthschaftlicher Lehren oder Erfahrungen auf dem Wege des Versuches zu prüfen, und glauben, daß eine Bestätigung oder Widerlegung durch einen solchen Mann irgend einen Werth habe; und doch versetzen sich die

Landwirthe in der Beurtheilung von chemischen Dingen, oder bei der Anstellung chemischer Versuche ganz in die Lage von manchen Anfängern in der Mineralanalyse, welche ganz festgestellte Zusammensetzungen von Mineralien für falsch und unrichtig erklären, weil sie so ganz widersprechende Resultate erhalten.

Ich bin ganz überzeugt, daß die Landwirthe in den meisten Büchern, welche die Anwendung der Chemie auf die Landwirthschaft behandeln, Dutzende von ähnlichen Recepten finden dürften, wie das, worauf Herr Pusey anspielt; die Kunst besteht darin, sie aufzufinden und lebendig zu machen. Mit Vorschlägen allein macht man ein Feld nicht fruchtbar. Diese Recepte mögen ihren hohen Werth für die Landwirthschaft haben; in chemischer Beziehung haben sie aber nicht mehr wissenschaftlichen Werth, wie das Recept zu einer guten Stiefelwichse, weil es einfache Folgerungen aus gewissen Grundsätzen sind. Nicht die Folgerungen, sondern die Grundsätze sind die Aufgabe für den Chemiker.

Um aber eine Folgerung wirksam durch den Versuch zu machen, dazu gehört eine gewisse Kraft der Ueberzeugung, die den Meisten fehlt, denn ohne diese Kraft überwindet man die Schwierigkeiten nicht; die Gewißheit, daß man mit dem rechten Mittel den gesuchten Erfolg haben muß, bedingt den Erfolg, durch sie findet man die rechten Mittel. In der Landwirthschaft ist aber bis jetzt nur der Zweifel herrschend, nicht die Ueberzeugung. Man wird keine zwei Landwirthe finden, welche über eine und dieselbe Erscheinung, z. B. über die Wirkung des salpetersauren Natrons, über die Wirkung der Entwässerung (der sogenannten Drainirung) einerlei Meinung wären.

Ich kann diese langen Auseinandersetzungen nicht schließen, ohne nochmals auf Herrn Lawes zurückzukommen; ich wünsche ihm volle Gerechtigkeit widerfahren zu lassen.

Am Schluß seiner Abhandlung (dasselbe Journal Vol. XII, p. 39) sagt er:

„Zum Schlusse denn: Wenn Liebig's Theorie einfach meint, daß die wachsende Pflanze in ihrem Bereiche eine hinreichende Menge derjenigen Mineralbestandtheile finden muß, die sie zu ihrer Entwickelung bedarf, so bin ich ganz und gar überzeugt von einer so evidenten Wahrheit. Wenn er aber andererseits die Meinung hegt, daß unsere Felder an denjenigen Mineralbestandtheilen, wie sie sich zusammen in der Asche der ausgeführten Producte finden, in Beziehung zu anderen Bestandtheilen Mangel haben, und daß in dem gegenwärtigen Zustande der Landwirthschaft wir die Fruchtbarkeit der Felder nicht durch Ammmoniak oder durch stickstoffhaltige Producte allein zu steigern vermögen, sondern daß der Ertrag im Verhältniß zur Zufuhr und Abnahme der assimilirbaren Mineralbestandtheile steht, so zögere ich nicht zu sagen, daß jede Thatsache, die wir gefunden haben, einer solchen Ansicht ungünstig ist."

In dem ersten Theile dieses Citates bekennt Herr Lawes sich zu der sogenannten Mineraltheorie, in dem zweiten Theil befinden sich zwei Unwahrheiten, deren fortgesetzte Verbreitung ich nicht länger dulden will.

Der Schlußsatz unterlegt mir die unwahre Behauptung, daß der Ertrag eines Feldes im Verhältniß zur Zufuhr und Abnahme der assimilirbaren Mineralbestandtheile stehe; dieß habe ich nie gesagt; ich habe gesagt, daß der Ertrag im Verhältniß der assimilirbaren Mineralbestandtheile im Dünger stehe, worunter aller Dünger, Mineraldünger, Guano, Poudrette, Stalldünger selbstverständlich gemeint ist.

Was den vorhergehenden Satz betrifft, so finde ich in meinem Buche nur eine einzige Stelle, wo von Englands Feldern im Sinne des Herrn Lawes die Rede ist; diese heißt (S. 216):

„In Englands großen Städten werden die Producte der englischen und überdies noch fremder Agricultur verzehrt, die den Pflanzen unentbehrlichen Bodenbestandtheile von einer ungeheuren Fläche kehren aber nicht auf die Äcker zurück. Einrichtungen, welche in der Sitte und Gewohnheit des Volkes liegen und diesem Lande eigenthümlich sind, machen es schwierig, vielleicht unmöglich, die unermeßliche Menge an phosphorsauren Salzen (der wichtigsten, wiewohl in dem Boden in kleinster Menge enthaltenen Mineralsubstanzen) zu sammeln, welche täglich in dem Urin und den festen Excrementen den Flüssen zugeführt werden.

„Tausende von Centnern von phosphorsauren Salzen führt die Themse und die anderen Flüsse Großbritanniens jährlich dem Meere zu; Tausende von Centnern der nämlichen Materien, welche aus dem Meere stammen, fließen jetzt in dem Guano jährlich in das Land wieder zurück."

Es ist nicht schwer, die Ansichten eines Anderen zu widerlegen, wenn man ihm falsche Behauptungen unterlegt, die er nicht gemacht hat.

Es ist mir niemals in den Sinn gekommen, zu behaupten, daß die Felder Großbritanniens an denjenigen Bestandtheilen Mangel hätten, wie sie sich zusammen in der Asche der geernteten Producte finden, oder daß man durch Ammoniaksalze allein, von einem an sich fruchtbaren Boden, nicht einige Jahre hinter einander gute Ernten erzielen könnte; der Zustand der englischen Felder und der des Herrn Lawes ist mir völlig unbekannt, ich bezweifle aber keineswegs, daß man durch eine gut ausgedachte Analyse seines Bodens vollkommen in Stand gesetzt worden wäre, alle seine Resultate, zu denen er siebenjähriger Versuche bedurfte, vorherzusagen. Ich habe behauptet, und meine Ansicht ist durch die Versuche von Lawes nur befestigt worden, daß die Ammoniaksalze allein, fortgesetzt angewendet, den Boden erschöpfen.

Man hat von der Anwendung des Guano und der Bekanntschaft mit der eigentlichen Ursache der Wirksamkeit der Knochen, die ich in dem Citate meines Buches erwähnt habe, Nutzen genug gezogen; aber man vergißt nur allzu leicht den Zustand der Landwirthschaft vor 1840.

Beim Erscheinen der ersten Auflage meines Buches im September 1840 wurde noch kein einziges Pfund Guano von den Landwirthen zur Düngung ihrer Felder verwendet, und wenn man sich die Mühe nehmen wollte, den Ertrag der englischen Felder von 1841 an, an Korn und Fleisch mit dem vor 1840 zu vergleichen, so würde man finden, daß durch die Anwendung des Guano, gegen welche sich im Anfange so viele Stimmen erhoben, bis man den zweckgemäßen Gebrauch kennen lernte, der Ertrag der Felder in einer Weise gestiegen ist, wie kaum durch eine andere Entdeckung. Ich will mir damit kein Verdienst zusprechen, denn vor mir hatten v. Humboldt und Boussingault längst die Bedeutung des Guano für die Länder, in denen er seit undenklichen Zeiten angewendet wird, hervorgehoben; aber der Guano war mir nur durch seine Bestandtheile bekannt, und es ist sicherlich kein geringes Zeichen für die Wahrheit einer Theorie, wenn sie, einfach auf eine Analyse gestützt, sich in der Beurtheilung der Wirksamkeit eines solchen Düngstoffs nicht getäuscht hat.

Vor 1840 bewegten sich die Ideen von der Fruchtbarmachung und Bereicherung der Felder um die dunklen und unklaren Begriffe von Humus und Dünger. Wie ganz anders aber sind die Vorstellungen heutzutage von diesen Dingen.

Je mehr man in den Geist der Abhandlungen des Herrn Lawes eingeht, desto mehr erstaunt man über den Grundirrthum, an den sich wie an einen schwarzen Faden alle seine Versuche und Ideen anreihen. Beinahe auf jeder Seite versichert er mit der größten Unbefangenheit, daß meine Theorie falsch sein müsse, daß ich nur aufmerksam seinen Versuchen folgen dürfe, um mich zu überzeugen, wie wenig anwendbar sie in der praktischen Feldwirthschaft sei, weil ich gerathen habe, Sorge zu tragen für den vollständigen Wiederersatz der Alkalien, der alkalischen Erden, der phosphorsauren Salze, im Verhältniß, wie man diese Bestandtheile dem Boden nehme, während — dieß ist sein Hauptargument gegen diese Lehre — seine und die englischen Felder bei Ausfuhr von Korn und Vieh nur Mangel hätten an Phosphorsäure und Stickstoff, welche durch eingeführtes Vieh, durch Knochen und Guano ersetzt würden; alle anderen Bodenbestandtheile kehrten nach dem gewöhnlichen Verfahren der englischen Feldwirthschaft, durch den Stalldünger, beinahe ohne allen Verlust auf die Felder zurück.

Wenn aber dieß geschieht, so handelt ja der Landwirth ganz den Grundsätzen gemäß, und die Theorie sagt ihm alsdann, daß ein weiterer Ersatz durch Mineraldünger in diesem Fall gar nicht angezeigt ist. Auf die Form, in welcher dem Boden das Entzogene wieder erstattet wird, kommt es durchaus nicht an. S. 243 meines Buches sagte ich hierüber: „Als Princip des Ackerbaues muß angesehen werden, daß der Boden im vollen Maß wieder erhalten muß, was ihm genommen wurde; in welcher Form dieß Wiedergeben geschieht, ob durch Knochen, in der Form von Excrementen oder Asche, dieß ist wohl ziemlich gleichgültig." Ferner S. 281: „Es ist klar, wir sind im Stande, alle Bestandtheile unserer Aecker, die wir in der Form von Thieren, Korn und Fürchten ausgeführt haben, in den flüssigen und festen Excrementen der Menschen, in den Knochen und dem Blute der geschlachteten Thiere wiederzugewinnen; es hängt nur von uns ab, durch die sorgfältige Sammlung derselben das Gleichgewicht in der Zusammensetzung unserer Aecker wiederherzustellen." Ferner S. 232: „Die Hauptaufgabe ist, daß wir in irgend einer Weise die hinweggenommenen Bestandtheile, welche die Atmosphäre nicht liefern kann, ersetzen."

Es ist nicht zu begreifen, daß Herrn Lawes keinen Augenblick der Gedanke gekommen ist, daß in Deutschland, in Frankreich und England nicht alle Felder die Beschaffenheit der seinigen haben, daß die allgemeine und gegründetste Klage der meisten Landwirthe sich um die Schwierigkeiten der Wiederherstellung und Erhöhung der Fruchtbarkeit ihrer Felder, wegen Mangel an Stalldünger, bewegt, daß in einer Menge von Fällen, wegen Mangel an Vieh, an Wiesen, an der zum Bau der Futterkräuter ungeeigneten Beschaffenheit der Felder, ein vollständiger Ersatz durch Stalldünger gar nicht möglich ist. Was sollen nun diese Landwirthe thun, um ihre Production zu erhöhen und ihre Felder zu verbessern? Ich würde es für einen großen Gewinn halten und gern darauf verzichten, irgend einen der Irrthümer des Herrn Lawes in Beziehung auf meine Ansichten zu beleuchten oder zu rügen, wenn diese Versuche nur das Allergeringste zur Lösung dieser Fragen beigetragen hätten. Wie kann er aber, gleich einem wohlhabenden Manne, der sein gutes Auskommen hat, die Wissenschaft tadeln, weil sie dem Bedürftigen Hülfsquellen aufschließt, die er selbst nicht bedarf und geringschätzt. Soll denn das Licht der Wissenschaft nicht leuchten für arme und reiche Felder!

Es giebt ganze Länder, wo die Aschendüngung, wie in den Niederlanden, Flandern, in Westphalen, die besten Erträge gewährt, wo, nach Schwerz, das Sprichwort gilt: Wer kein Geld für Asche ausgiebt, zahlt doppelt (s. die Anleitung zum prakt. Ackerbau Bd. II, S. 323).

Die Ansichten des Herrn Lawes haben in Deutschland Wiederhall gefunden. In dem neuesten Werke des Herrn Wolff: „Die naturgesetzlichen Grundlagen des Ackerbaues, Bd. II, S. 495, bei O. Wigand," sagt er:

„Vergleicht man die soeben erwähnten, unmittelbar aus der Erfahrung und aus zahlreichen Feldversuchen sich ergebenden Thatsachen mit der chemischen Zusammensetzung der Ernteerträge und mit den Mengen an wesentlichen Düngerbestandtheilen, welche in den betreffenden Erträgen auf der Fläche einer Hectare enthalten sind, so gelangt man zur Ueberzeugung, daß die durch den Anbau verschiedener Culturpflanzen bewirkte Erschöpfung des Bodens in keiner Weise zu der Menge und Beschaffenheit der in der Ernte vorhandenen organischen oder mineralischen Bestandtheile in einer directen Beziehung steht, und außerdem, daß die von Liebig begründete und früher vertheidigte reine Mineraltheorie durch die praktische Erfahrung der Landwirthe nicht als richtig bestätigt wird."

Bei solchen Schlüssen hat man beinahe Grund, an der Möglichkeit eines Fortschritts zu zweifeln. Die Erschöpfung des Bodens soll in keiner Weise in directer Beziehung stehen zu den auf dem Felde erzielten Producten. Die Wirkung (die Erschöpfung) nicht im Verhältniß zur (erschöpfenden) Ursache!!

In den Versuchen von Lawes erkennt man die Thatsachen und Erfahrungen, auf welche solche Aussprüche gebaut sind.

Es giebt keine Hausfrau, welche glaubt, den Preis eines Stückes Zeug oder seines Aequivalents an Geld, ohne Kenntniß seiner Breite und Länge, d. h. ohne Elle, beurtheilen zu können. In Beziehung auf landwirthschaftliche Thatsachen und sogenannte Erfahrungen sind aber die landwirthschaftlichen Schriftsteller besser daran; ohne den Maßstab der wissenschaftlichen Grundsätze zu gebrauchen, überhaupt ohne allen Maßstab, messen sie uns den Werth, die Tiefe, Breite, kurz die ganze Ausdehnung und Bedeutung ihrer Erfahrungen aus; ja manche äußern beinahe eine Art von Befriedigung darüber, daß der Maßstab, den ihnen die Wissenschaft bietet, in dem gegenwärtigen Zustande der Landwirthschaft noch so unvollkommen und so wenig anwendbar ist, und es sind gerade die, deren Beruf es sein sollte, ihn verbessern zu helfen und zu lehren, wenn er tauglich ist, wie man ihn zweckgemäß gebrauchen muß. Auch Herr Wolff glaubt und lehrt, daß die von Liebig begründete und früher vertheidigte reine (?) Mineraltheorie sich nicht als richtig bestätigt habe, und er stützt sich ebenfalls auf den Misthaufen, im besten Sinne des Wortes, womit man die praktischen Erfahrungen der Landwirthe bezeichnen könnte, denn sie sind in der That nur der Dünger für eine künftige rationelle Cultur; daß die Mineraltheorie Liebig's eine reine Erfindung des Herrn Lawes ist, dürfte wohl Jedem klar geworden sein; in welchem meiner Bücher aber Herr Wolff zu der Bekanntschaft mit dieser reinen Mineraltheorie gelangt sein mag, dieß ist mir völlig unklar.

Ich halte es für wichtig genug, noch eine dieser sinnlosen praktischen Erfahrungen, welche von der ersten landwirthschaftlichen Autorität Englands, nach dem Urtheil des Herrn Pusey, nämlich von Herrn Lawes gemacht worden ist, hier zu beleuchten. Sie betrifft den Rübenbau (Turnips). (Vol. XII, p. 34 u. Vol. VIII, Part II, p. 26 ff.).

Eine mittlere Ernte Rüben ($8^1/_2$ Tonnen) bedarf nach den besten Analysen von dem Boden aus zu ihrer Entwickelung 50 Pfund phosphorsauren Kalk, eine im Verhältniß sehr kleine Menge, und 127 Pfund Kali, also etwa $2^1/_4$mal soviel Kali. Aber, sagt Herr Lawes, weder das Alkali, noch irgend ein anderer Aschenbestandtheil der Rüben, noch Ammoniaksalze hatten auf seinen Feldern einen begünstigenden Einfluß auf den Ertrag, nur die Phosphorsäure zeigte sich wirksam, und er führt den Beweis auf folgende Weise: Ein Versuchsfeld wurde von 1843 bis 1850 jährlich mit nichts Anderem gedüngt, als mit einer Mischung von phosphorsaurem Kalk (gebrannte Knochen) und Schwefelsäure, jedes Jahr empfing das Feld durchschnittlich 400 Pfund durch Schwefelsäure aufgeschlossener Knochen (sauren phosphorsauren Kalk), im ersten Jahre wurden 12, im letzten 11 Tonnen 9 Ctnr. Rüben, im Mittel $8^1/_2$ Tonnen geerntet. „Es ist ganz gewiß, sagt Herr Lawes, daß die Phosphorsäure im Dünger gegeben, obwohl sie einen so kleinen Theil von der Rübenasche ausmacht, eine sehr schlagende Wirkung auf das Wachsthum der Rübe ausübt." Und in der That, der Versuch ist sehr merkwürdig und beweist sicherlich eine sehr ungewöhnliche Beschaffenheit des Feldes; wenn man aber nach dem Grunde sucht, warum denn eigentlich der Phosphorsäure die Ehre dieser auffallenden Wirkung zuerkannt wird, so findet man, daß dieser Grund eine reine Einbildung ist. Wenn ein Anderer behaupten wollte, es sei unter diesen Verhältnissen die freie Schwefelsäure gewesen, so könnte kaum Jemand widersprechen, wie sich aus folgender Betrachtung ergiebt:

Von den 400 Pfund phosphorsaurem Kalk, welche das Feld im ersten Jahr erhielt, blieben nach der Ernte (in welcher durch die Pflanzen nur 50 Pfund hinweggenommen wurden) ganz unzweifelhaft 350 Pfund im Boden zurück; nach der zweiten Ernte enthielt der Boden 700 Pfund phosphorsauren Kalk und es mußten auf's neue 400 Pfund dieses Salzes und eine entsprechende Menge Schwefelsäure hinzugeführt werden, um eine dritte Ernte zu gewinnen. Wie sonderbar ist dieß: der Boden enthielt im vierten Jahre bereits 1150 Pfund phosphorsauren Kalk, 750 Pfund mehr, als im ersten Jahre gegeben worden war, und es mußten wieder 400 Pfund Knochen und Schwefelsäure zugesetzt werden, um die nothwendige Phosphorsäure (?) zu einer neuen Ernte darzubieten, im siebenten Jahre enthielt der Boden 2450 Pfund phosphorsauren Kalk, 2150 Pfund mehr als im ersten, und immer mußte für die Ernte des achten Jahres wieder 400 Pfund saurer phosphorsaurer Kalk hinzugefügt werden!! Einem Boden, der im siebenten Jahre so reich an Phosphorsäure geworden war, daß diese hinreichte, um nahe funfzig mittlere Ernten Rüben damit zu versehen, mußte, um eine neue Ernte zu bekommen, doch wieder viermal soviel Phosphorsäure einverleibt werden, als diese eigentlich nöthig hatte. Es ist ganz unmöglich, zu glauben, daß die Wirkung im achten Jahre unter diesen Umständen abhängig gewesen sein kann von der neu hinzugefügten Phosphorsäure, wie Herr Lawes geschlossen hat.

Fahren wir weiter fort, so finden wir, immer in den eigenen Versuchen des Herrn Lawes, noch weit schlagendere Beweise für die Meinung, daß die überschüssige Phosphorsäure den Ertrag nicht bedingt haben könne *).

Im Jahre 1843 war der durchschnittliche Ertrag des Stückes Nr. 22 durch Anwendung von 400 Pfund weißgebrannter mit Schwefelsäure aufgeschlossener Knochen 11 Tonnen Rüben.

Sonderbarer Weise lieferte ein gleiches Stück Feld Nr. 23 in demselben Jahre, welches nur mit Thon und Asche (Unkrautasche) gedüngt worden war, ebenfalls 11 Tonnen Rüben.

In demselben Jahre lieferte ein gleiches Stück, mit 12 Tonnen Stalldünger gedüngt (Nr. 1), 9 Tonnen 9 Ctnr. Rüben, zwei Tonnen weniger als die mit Knochen und Schwefelsäure gedüngten Felder.

*) Bei der Vergleichung dieser Zahlen mit der Anzahl von Pfunden phosphorsauren Kalks, welche Herr Lawes seinem Felde (Nr. 22) gegeben hat, wird man eine Uebereinstimmung vermissen. Ich habe angenommen, daß er jährlich 400 Pfund phosphorsauren Kalk angewendet habe; allein die wirkliche Menge betrug weit mehr. Er düngte sein Feld im Jahre:

1843	mit	504 Pfd.	(4½ Ctnr.)	saurem phosphorsauren Kalk (mit
1844	„	560 „	(5 Ctnr.)	Schwefelsäure aufgeschlossene
1845	„	1232 „	(11 Ctnr.)	calcinirte Knochen).

in 3 J. also mit 2296 Pfd. saurem phosphorsauren Kalk.

Ueber die Menge, die er von 1846 bis 1850 gab, finde ich in seiner Abhandlung keine Zahlenangabe; er sagt nur (in Vol. XII, p. 34): „daß er jedes Jahr eine starke Düngung mit saurem phosphorsauren Kalk gegeben habe.“ Da die zur Aufschließung der Knochen dienende Schwefelsäure in der Regel 20 bis 30 Proc. der Knochen beträgt, so habe ich für alle Jahre als Minimum die Menge angenommen, die er im ersten Jahre an phosphorsaurem Kalk gegeben hat. Das Stück Nr. 21 empfing im Jahre 1845 400 Pfund calcinirte Knochen und 400 Pfund Schwefelsäure; ich habe allen Grund, zu glauben, daß Herr Lawes dieses Verhältniß auch für das Stück Nr. 22 beibehielt.

Im Jahre 1844 lieferte dasselbe Stück, mit 12 Tonnen Stalldünger gedüngt, 10 Tonnen 15 Ctnr. Rüben, vier Tonnen mehr als durchschnittlich die Stücke, welche 400 Pfund Knochen und 400 Pfund Schwefelsäure empfangen hatten.

Ein gleiches Stück Feld Nr. 7, welches im Jahre 1845 12 Ctnr. Gyps (Rückstand von der Bereitung der Weinsteinsäure) und 10 Ctnr. Rapskuchen empfangen hatte, lieferte 18 Tonnen 1 Ctnr. Rüben, sechs Tonnen mehr als die mit Phosphorsäure gedüngten.

In demselben Jahre lieferte das mit Stalldünger gedüngte Feld (Nr. 1) bei Zufuhr von 12 Tonnen desselben Düngers 17 Tonnen Rüben, fünf Tonnen mehr als die mit Phosphorsäure gedüngten Stücke.

Welche seltsamen Resultate bieten aber diese ebenso unzweifelhaften Thatsachen dar, in welchem unbegreiflichen Widerspruch stehen sie mit der Ansicht des Herrn Lawes! Die mit Stalldünger gedüngten Stücke lieferten durchschnittlich einen höheren Ertrag als die, welche eine enorme Quantität Phosphorsäure empfangen hatten, und doch enthält der Stalldünger in 12 Tonnen (worin 3,3 Tonnen fester Substanz) nicht über 46 bis 56 Pfund phosphorsauren Kalk, kaum ausreichend für eine volle Ernte Rüben, ohne irgend einen Ueberschuß von Phosphorsäure!

Noch weit unbegreiflicher erscheint die Thatsache, daß das mit Thon und Asche gedüngte Feld einen ebenso hohen Ertrag gab, daß der Ertrag des mit Gyps und Rapskuchen gedüngten Stückes den aller anderen Stücke übertraf. Denn dieser Dünger enthielt in den Rapskuchen nur 26 Pfund Phosphorsäure, entsprechend etwa 56 Pfund phosphorsaurem Kalk!

Wer kann vernünftiger Weise mit einigem Rechte behaupten, daß die erfolgreiche Cultur der Rübe abhängiger ist von einer reichlichen Zufuhr von Phosphorsäure im Dünger, als die einer andern Feldfrucht, wenn man, wie aus den letzterwähnten Thatsachen hervorgeht, mit einem Minimum von Phosphorsäure weit höhere Erträge zu erzielen vermag, als mit einem Maximum.

Welche ist es nun unter den dem Felde zugeführten Substanzen, die einen so großen Einfluß auf das Wachsthum der Rüben hatte? Es ist unmöglich, nach den zuletzt erwähnten Erfahrungen vorauszusetzen, daß die überschüssige Phosphorsäure nothwendig war und den höheren Ertrag bedingte; ist es nun die Schwefelsäure, der Kalk, oder beide zusammen, oder die organische Substanz des Stalldüngers?

Was möchte wohl Herr Lawes erschlossen haben, wenn er das Feld zwei Jahre lang bloß mit phosphorsaurem Kalk, und die sechs folgenden Jahre jährlich mit 400 Pfund Schwefelsäure allein gedüngt und denselben Ertrag erhalten haben würde, wie mit 3200 Pfund saurem phosphorsauren Kalk?

Muß denn nicht ein jeder Landwirth einsehen, daß Schlüsse, auf so grobe und so ganz ohne alle Umsicht angestellte Versuche gebaut, vollkommen werthlos sind?!

Weil es Herrn Lawes einfiel, dem Felde einen so großen Ueberschuß an Phosphorsäure zu geben, mußte denn deswegen diesem Ueberschuß die Wirkung zugeschrieben werden? Ist man denn nur um eine Linie weiter gekommen, als man vorher war? Und wie folgerichtig benutzt Herr Lawes diese eben erwähnten Erfahrungen, um mich eines Fehlers zu überführen und die sogenannte Mineraltheorie ganz zu Schanden zu machen!

In der englischen Ausgabe meiner chemischen Briefe S. 522 hatte ich gesagt: „Eine enorme Menge dieser für die Pflanzen unentbehrlichen Nahrungsmittel wird jährlich den Feldern entzogen und in der Form von Vieh, Korn und Früchten den größten Städten zugeführt. Es ist sicher, daß diese dauernde Entziehung der phosphorsauren Salze die Felder erschöpfen und das Vermögen, Korn zu erzeugen, vermindern muß. Die Felder Großbritanniens sind in diesem Zustande allmäliger Erschöpfung durch diese Ursache, wie die rasche Ausdehnung des Rübenbaues (Turnips und Mangoldwurzel) zeigt, — Pflanzen, welche einen geringen Gehalt an Phosphaten enthalten und deshalb die kleinste Menge für ihre Entwickelung bedürfen."

Niemand, auch der Befangenste nicht, kann in diesen Sätzen ein Düngerrecept erblicken; denn das Wort Dünger kommt gar nicht darin vor. Hierauf erwiedert Herr Lawes (Vol. XII, p. 33):

„Professor Liebig hat in seinen chemischen Briefen auf's neue eine Meinung ausgesprochen, welche ganz unverträglich ist mit solchen Resultaten. — Wir zögern nicht zu sagen, wie wenig auch die Menge der Phosphate, welche in den Turnips enthalten sind, betragen mag, daß die erfolgreiche Cultur derselben abhängiger ist von einer reichlichen Zufuhr von Phosphorsäure im Dünger, als die irgend einer anderen Feldfrucht."

Meine Bemerkung über den so geringen Gehalt der Rüben an Phosphaten kann wohl von Niemandem für unwahr angesehen werden, weil Herr Lawes den Sinn der Sätze mißverstanden hat, sie bezieht sich gar nicht auf die Düngung der Rüben, sondern ist in Verbindung gebracht mit Pflanzen, welche mehr Phosphate als wie die Rüben bedürfen; sie sagt im Rückblick auf den Kornbau, daß der Rübenbau deshalb eine so große Ausdehnung gewonnen habe, weil der Boden durch die Cultur derselben so wenig Phosphate verliert. Darum sei die Rübe im Fruchtwechsel so vortheilhaft, weil sie — was auch der Boden enthalten oder demselben an Phosphaten zugeführt werden mag — eine so große Menge im Boden zurücklasse, für andere Gewächse, welche mehr davon bedürfen. Herr Lawes sagt selbst, daß eine mittlere Ernte nur 50 Pfund phosphorsauren Kalk dem Boden entziehe (Vol. VIII, p. 70), auch wenn der Boden funfzigmal mehr davon enthält. Wäre denn die Ausdehnung des Rübenbaues gleich vortheilhaft oder möglich, wenn einer Ernte Rüben anstatt 50 Pfund 200 oder mehr Pfunde dem Boden entzöge? Von dem geringen Bedarf der Rübe an Phosphaten rührt es her, daß man davon als Stoppelfrucht in Deutschland und Frankreich in demselben Jahre noch eine Ernte erhält *).

*) Wenn man aus der Analyse der Aschen, die Menge der Phosphorsäure berechnet, welche eine Ernte Weizen (in Korn und Stroh) und eine Rübenernte (in Wurzeln und Blättern) zu ihrer Entwickelung bedürfen, so ergiebt sich scheinbar das widersprechende Resultat, daß die Weizenpflanze dem Boden weniger Phosphorsäure entzieht, als die Rübenpflanze. Der Grund, warum nach den Erfahrungen der Landwirthe der Weizenboden dennoch eine größere Menge Phosphate enthalten muß, als der Rübenboden, liegt offenbar darin, daß die Wurzeln der Rübenpflanze zur Aufsuchung und Aufnahme ihres vollen Bedarfs mehr Zeit haben, als die der Weizenpflanze. Die Rübe bedarf die Phosphate während der 4—5 Monate ihres Wachsthums gleichmäßig und in einer gegebenen Zeit immer nur in geringer Menge. Der Weizen hat die größte Menge zur Zeit der Samenbildung nöthig, es ist dieß die Zeit, wo nach dem Urtheil der Landwirthe der Boden am meisten verliert oder ausgesaugt wird. Wenn die Weizenpflanze in den wenigen Wochen der Samenbildung, ihren vollen Bedarf an Phosphorsäure in dem Bereiche ihrer Wurzeln vorfindet, so bildet sich jedes Korn vollkommen aus, mangelt es daran, so vermindert sich die Zahl oder Größe (?) der Körner, wenn sie fehlt, so erntet man nur Stroh. Die dem Weizenboden nöthige Menge Phosphorsäure, steht

Wenn man den chemischen Brief (Br. XXXV. der englischen Ausgabe) liest, in welchem die Bemerkung steht, welche Herr Lawes zum Nachtheil meiner Ansichten interpretirt hat, so erscheint der Gebrauch, den er davon macht, noch weit ungerechter. Ich hatte auf meinen Reisen im Jahre 1842 die großen Coprolithen-Lager Englands kennen gelernt, und durch die Analyse in diesen vorweltlichen Ueberresten eine große Menge phosphorsauren Kalk entdeckt. Es war dieß für die englische Landwirthschaft ein großer, bis dahin ganz verborgener Schatz an einer Substanz, für welche in der Einfuhr von Knochen Großbritannien dem Auslande tributpflichtig war. Der XXXV. chemische Brief der englischen Ausgabe hatte keinen anderen Zweck, als die englischen Landwirthe auf diesen Schatz aufmerksam zu machen (er steht nicht in der deutschen Ausgabe). Meine Aufforderung hat Früchte getragen. Ein Fabrikant von Coprolithen-Dünger in der Nähe von Orford, welcher die Coprolithen ausbeutet und mit Schwefelsäure aufgeschlossen in den Handel bringt, versicherte mich, bei Gelegenheit einer Begegnung bei meinem

also nicht im Verhältniß zur Summe, welche die Pflanze bedarf, sondern im Verhältniß zur Menge, welche die Körner zur Zeit ihrer Entwickelung bedürfen. Vergleicht man die Menge Phosphorsäure, welche die Rübe in einem Monate aufnimmt, mit der Menge, welche der Boden dem Weizen zur Zeit der Samenbildung zuführen muß, so sieht man sogleich, daß in diesen gleichen Zeiten der Weizen eine weit größere Menge Phosphorsäure nöthig hat, als die Rübe, und dieß Verhältniß muß bei der Düngung berücksichtigt werden.

Die Fruchtbarkeit eines Feldes steht im Verhältniß zu dem im Boden in geringster Menge enthaltenen nothwendigen Bestandtheile; die Düngung eines Feldes muß im Verhältniß stehen zu dem Maximum an Bodenbestandtheilen, welches die Pflanze in einer gewissen Periode ihres Wachsthums bedarf.

Freunde Dr. Daubeny in Oxford im Jahre 1851, daß er allein damals bereits für Pfd. St. 50,000 (= fl. 600,000) Werth von diesem Dünger in Handel gebracht habe und daß aber weit mehr davon auf den Gütern selbst zubereitet und verbraucht werde.

Zum Schlusse denn:

1) Herr Lawes hat bewiesen, daß seine Felder einen Ueberschuß an denjenigen Mineralbestandtheilen enthielten, welche sieben Ernten Weizen, Korn und Stroh in sieben Jahren zu ihrer vollkommenen Entwickelung bedürfen.

2) Herr Lawes hat bewiesen, was die Theorie und gesunder Menschenverstand voraussetzen: daß der Ertrag eines solchen Feldes, durch Düngung mit den nämlichen Mineralsubstanzen nicht merklich, oder höchstens im Verhältniß zu der ganzen im Boden enthaltenen Summe an Bodenbestandtheilen erhöht werden kann*).

3) Herr Lawes hat bewiesen, was die Theorie lehrt: daß der Ertrag eines solchen Feldes durch Düngung mit Ammoniaksalzen gesteigert werden könne.

4) Herr Lawes hat widerlegt, was er beweisen wollte: daß der Mehrertrag in diesem Falle im Verhältniß zu dem im Boden enthaltenen Ammoniak stehe; — daß also die einfache, doppelte und mehrfache Menge Ammoniak nicht den einfachen, doppelten, mehrfachen Mehrertrag gebe, sondern daß der Mehrertrag eine constante Größe ist.

5) Herr Lawes hat bewiesen, was er widerlegen wollte: daß der ganze Ertrag im Verhältniß stehe, zu der

*) Durch Düngung mit 8 Wagenladungen Weizenstrohasche stieg der Ertrag pr. Acre von $71^{3}/_{4}$ Peks auf $76^{1}/_{2}$ Peks, d. h. um $^{1}/_{18}$. — Durch Düngung mit 448 Pfund von Liebig's Weizendünger stieg der Ertrag von $71^{3}/_{4}$ Peks auf $81^{1}/_{3}$ Peks, d. h. um etwas über $^{1}/_{7}$.

einzigen constanten Größe, die in seinen Versuchen wirkte, nämlich zu der Summe der vorhandenen wirksam gemachten mineralischen Nahrungsmittel; er hat bewiesen, was die Theorie lehrt, daß das Ammoniak die Wirkung der Bodenbestandtheile in der Zeit erhöhe, d. h. daß eine größere Menge Bodenbestandtheile in Wirksamkeit treten *).

*) Man kann die mechanische Wirkung einer Substanz erhöhen durch Aenderung oder Verbesserung seiner mechanischen Beschaffenheit; man kann z. B. machen, daß ein stumpfes Messer scharf wird; man kann aus demselben Stahl zwei Rasirmesser verfertigen, wovon das eine besser wie das andere schneidet, so daß man mit dem einen doppelt soviel Bärte abnehmen kann, wie mit dem anderen, ehe es stumpf wird; man kann aber die chemische Kraft einer Substanz in keiner Weise steigern, machen, daß 1 Pfund Kohlensäure oder 1 Pfund Ammoniak die Wirkung ausübe von 2 Pfund Kohlensäure oder 2 Pfund Ammoniak, weil unter gleichen Bedingungen die chemischen Wirkungen im Verhältniß stehen zu den Massen, d. h. zu der Summe der wirkenden materiellen Theile, welche die Träger der Kraft sind. Die Wirkung in der Zeit ist größer, wenn in dieser Zeit mehr Theile in Action kommen. Ein Pfund Zucker in feinem Pulver löst sich schneller als 1 Pfund Zucker in groben Stücken, nicht weil die anziehende Kraft, welche die Löslichkeit bedingt, größer gewesen ist, sondern weil durch die vergrößerte (wirkende) Oberfläche des Zuckers in derselben Zeit eine größere (wirkende) Wasseroberfläche damit in Berührung kommt.

www.ingramcontent.com/pod-product-compliance
Lightning Source LLC
LaVergne TN
LVHW051402061026
849535LV00009B/3325